AF459249

NOUVELLES ARCHIVES

DES

MISSIONS SCIENTIFIQUES

ET LITTÉRAIRES

CHOIX DE RAPPORTS ET INSTRUCTIONS

PUBLIÉ SOUS LES AUSPICES

DU MINISTÈRE DE L'INSTRUCTION PUBLIQUE ET DES BEAUX-ARTS

NOUVELLE SÉRIE

Fascicule 5

PARIS

IMPRIMERIE NATIONALE

MDCCCCXII

NOUVELLES ARCHIVES

DES

MISSIONS SCIENTIFIQUES

ET LITTÉRAIRES

NOUVELLES ARCHIVES

DES

MISSIONS SCIENTIFIQUES

ET LITTÉRAIRES

CHOIX DE RAPPORTS ET INSTRUCTIONS

PUBLIÉ SOUS LES AUSPICES

DU MINISTÈRE DE L'INSTRUCTION PUBLIQUE ET DES BEAUX-ARTS

NOUVELLE SÉRIE

Fascicule 5

PARIS

IMPRIMERIE NATIONALE

MDCCCCXII

RAPPORT

SUR

UNE MISSION SCIENTIFIQUE DANS L'OUEST AFRICAIN

(1908-1910),

PAR M. AUGUSTE CHEVALIER.

Paris, le 12 janvier 1912.

Monsieur le Ministre,

J'ai l'honneur de vous adresser le compte rendu sommaire des travaux poursuivis par la Mission que vous avez bien voulu me confier au cours des années 1908, 1909 et 1910.

Cette Mission, patronnée en outre par le Gouvernement général de l'Afrique occidentale française, avait aussi reçu des encouragements et des subventions du Muséum d'histoire naturelle de Paris et de l'Académie des sciences (fondation du prince Roland Bonaparte).

Nous exposons ci-après, pour chaque colonie, les principaux résultats de nos recherches, poursuivies pendant deux années, le long d'un itinéraire d'environ 15,000 kilomètres.

GUINÉE.

La Mission s'embarqua à Bordeaux, en novembre 1908, à destination de la Guinée française, colonie que nous avions précédemment visitée en 1905 et en 1907.

M. le gouverneur général Merlaud-Ponty avait, à cette époque, proposé au Muséum de Paris de créer, en Afrique occidentale, un établissement scientifique destiné à l'étude des végétaux présentant un intérêt économique, et devant servir à l'introduction méthodique, dans les diverses colonies du groupe, des plantes utiles, européennes ou exotiques, y faisant défaut.

Le premier soin de la Mission fut de déterminer l'emplacement du futur jardin botanique. Elle le choisit près de Dalaba, sur le plateau de Diaguissa, dans le massif du Fouta-Djalon, à 1,200 mètres d'altitude et à 250 kilomètres de la côte, mais à 40 kilomètres seulement du railway Conakry-Niger.

Des négociations se poursuivent en ce moment, entre votre Département et celui des Colonies, pour l'organisation de ce jardin qui pourrait devenir, un jour, l'analogue de l'Institut de Buitenzorg, à Java.

Le Fouta-Djalon constitue le principal relief de l'Afrique occidentale. Son orographie peut ainsi se définir : une série de plateaux disposés en amphithéâtre, plus ou moins bosselés et vallonnés à leur partie supérieure. Chaque gradin est presque toujours terminé, sur le bord, en falaise abrupte, ce qui explique le grand nombre de cascades qu'on observe dans le pays, les eaux étant obligées de se précipiter brusquement d'un étage à l'autre pour arriver dans la plaine.

La terrasse supérieure de cet amphithéâtre, le plateau de Diaguissa, d'une superficie de 50,000 hectares environ, s'élève de 1,200 à 1,400 mètres au-dessus du niveau de la mer.

Ni par les accidents du sol, ni par l'allure de la végétation, le canton de Diaguissa ne rappelle les pays tropicaux. En aucune partie de l'Afrique française nous n'avons rencontré de paysages donnant aussi franchement l'illusion de l'Europe. Du haut de chaque mamelon, les yeux découvrent, dans toutes les directions, une plaine très vallonnée, dont les gazons fins, d'un jaune verdâtre à la saison des pluies, sont parcourus par de nombreux troupeaux qui y pâturent toute la journée.

La population de cette région se compose, d'après le recensement de M. l'administrateur Iven, de 18,500 habitants environ, tous de race foulbé (cependant, beaucoup de serviteurs sont d'origine soussou, malinké ou bambara), répartis dans un grand nombre de fermes, ou *marghas*, se rattachant à trois villages, ou *missidis*, seulement : Diaguissa, Dalaba, Kala. La densité de cette population est, par conséquent, de 37 habitants par kilomètre carré, chiffre extraordinairement élevé en Afrique tropicale.

A lui seul, il suffirait à démontrer la salubrité du climat, car ce n'est certainement pas la fertilité du sol qui a attiré la population. Le pays est pauvre et occupé, en partie, par des mamelons rocheux et des *bowals*, ou plateaux dénudés, sur lesquels le grès ferrugineux affleure presque partout.

Le *fonio* (*Panicum exile* Kipp.), graminée minuscule donnant un rendement excessivement faible, spéciale à l'Ouest africain où elle n'existe qu'à l'état cultivé, est la seule céréale exploitée (avec une très faible quantité de riz); c'est ce *fonio* qui sert presque exclusivement à l'alimentation des habitants tout au long de l'année. Il faut la patience, la sobriété et l'endurance des Foulas pour se contenter d'un si maigre produit, dont le rendement est à peine de 200 kilogrammes à l'hectare. Il est vrai que, sur les plateaux, l'épaisseur de la terre végétale est si faible qu'aucune autre culture ne pourrait réussir; le *fonio* étant la seule plante cultivée, on ne pratique aucun assolement, de sorte qu'il faut remettre fréquemment les terres en jachères.

Autour des *marghas*, le sol, cultivé depuis des siècles, est beaucoup plus riche; on y plante, au commencement de l'hivernage, des patates, des taros et un peu de maïs. Les cases sont presque toujours entourées de bananiers d'une variété spéciale, parfois de manguiers, et surtout de nombreux orangers dont les fruits jouent un assez grand rôle dans l'alimentation des indigènes; pendant quatre mois, en effet, de novembre à mars, les gens pauvres ne vivent guère que d'oranges.

Les lianes à caoutchouc n'existent qu'en petite quantité sur le haut plateau; ce sont deux espèces de *Landolphia* : le *L. Heudelotii* D.C. et surtout le *L. owariensis* P.B., qui fournissent la précieuse gomme.

C'est, en réalité, exclusivement le bétail qui constitue la richesse de ce pays. Il n'est pas une famille foula du Diaguissa qui ne possède au moins des moutons, et souvent quelques vaches; certains individus possèdent même des centaines de bovins, tous appartenant à la race dite *du Fouta*, remarquable par son pelage roux et sa petite taille, rappelant notre race bretonne.

En somme, dans l'état actuel des choses, la région possède autant d'hommes et d'animaux domestiques qu'elle en peut nourrir. Si des Européens, attirés par la douceur du climat, venaient s'y établir, ce ne pourrait être que pour y trouver une résidence d'agrément ou y créer de petites exploitations, non pour s'y livrer à l'élevage en grand.

La flore du Fouta-Djalon et, en particulier, du plateau de Diaguissa, est extrêmement variée; aux plantes habituelles de la Guinée, dont beaucoup persistent jusqu'à cette altitude, viennent s'ajouter quelques nouvelles espèces, les unes spéciales au pays, les autres vivant aussi dans d'autres parties élevées de l'Afrique tropicale.

Comme plantes intéressantes, nous citerons une ronce (*Rubus Fellatæ* A. Chev.), voisine de notre framboisier, si abondante qu'elle forme, en certains endroits, des fourrés impénétrables; une fougère arborescente décorative, le *Cyathea Dregei,* dont le tronc s'élève de 3 à 5 mètres; un caféier remarquable, *Coffea Maclaudi* A. Chev., appartenant au même groupe que le café du Kouilou, du Congo, et qui vit exclusivement au bord d'un ruisseau, sur le mont Bilima, un peu à l'ouest de Diaguissa; enfin, nous avons rencontré, sur le haut plateau, une nouvelle espèce de *Brucea,* très voisine du *Brucea antidysenterica* de l'Abyssinie, dont l'écorce possède, selon certains savants, la propriété merveilleuse de guérir la dysenterie.

En terminant cette description du Fouta-Djalon, nous ne devons pas oublier de signaler que le plateau de Diaguissa est le seul point de l'Afrique occidentale française suffisamment élevé pour y entreprendre la culture des arbres à quinquina.

Le haut plateau de Diaguissa-Dalaba a été choisi comme emplacement d'un futur jardin tropical parce qu'il réunit divers avantages que l'on ne rencontre nulle part ailleurs :

1° En raison de la haute altitude, le climat est très sain; or, pour qu'un tel établissment donne des résultats importants, il faut que les expériences qui y seront tentées puissent être poursuivies aussi longtemps que possible par les mêmes personnes, avec la pleine possession de leur énergie, sans que des maladies tropicales viennent interrompre leurs travaux. Il faut aussi que les savants de la Métropole et les étudiants qui viendront, sans doute, de temps en temps à Dalaba y demander l'hospitalité pour faire des recherches scientifiques, puissent y séjourner sans compromettre leur santé.

2° On trouve à Dalaba des conditions météorologiques moyennes qui font espérer que la plupart des plantes des régions si variées de l'Afrique occidentale pourront y vivre. La moyenne annuelle de la température est de 20° à 22°. Aux époques les plus chaudes, le thermomètre s'élève rarement au-dessus de 35°, et pendant les nuits les plus froides, il descend rarement au-dessous de 12°; le minimum le plus bas qui ait été constaté est de 9°. A Dalaba, il tombe environ 1 m. 50 d'eau par an, et les chutes se répartissent sur sept mois de l'année (d'avril inclus à octobre inclus). Pendant cinq mois de l'année il ne tombe pas de pluie, mais l'état hygrométrique nocturne reste élevé, et toutes les nuits s'opère une abondante condensation de rosée. Du reste, on pourra facilement suppléer à l'absence des pluies par des arrosages et par l'irrigation. L'emplacement choisi se trouve, en effet, situé à l'intersection de deux petites rivières ayant de l'eau en permanence, et, dans l'emplacement même, on trouve une douzaine de sources pérennes sur une surface de 1 kilomètre carré.

Enfin, à quelques centaines de mètres de ce point, sur les flancs du mont Tika, quelques petits ravins très humides toute l'année ont conservé la végétation forestière primitive, et, dans ces stations forestières privilégiées, on pourra probablement acclimater certaines espèces d'arbres à quinquina qui constitueraient une acquisition très précieuse pour la flore de ces régions.

3° Le plateau de Dalaba est situé au centre du Fouta-Djalon, l'une des régions les plus renommées de l'Afrique occidentale pour l'élevage du bétail.

Or le développement de l'élevage est un des plus importants problèmes économiques que nous ayons à résoudre dans nos colonies de l'Ouest africain, et une des premières études à entreprendre est celle des plantes fourragères. Nous pourrons vraisemblablement plus tard aménager de véritables pâturages là où n'existe encore que de la brousse stérile. Aucune localité ne convient mieux que Dalaba pour y entreprendre ces recherches.

Une objection sérieuse a été soulevée au sujet du choix de l'emplacement. Le terrain de Dalaba est d'assez médiocre qualité, et on oppose qu'il sera difficile d'y faire des cultures améliorées. Ce n'est pas le but qu'on cherchera à atteindre. L'œuvre essentielle est de grouper là le plus grand nombre de végétaux utiles et de les amener à fructification pour en répandre les semences, les boutures, les greffes, les hybrides. Leur culture sera faite sur une surface restreinte, et, dans ces conditions, il sera très aisé d'améliorer le sol par l'apport d'engrais faciles à trouver dans un pays où les troupeaux sont abondants. Enfin, nous ne nous occuperons pas seulement d'agriculture et d'horticulture, mais aussi des problèmes relatifs à la flore forestière et à l'aménagement des prairies. Pour l'étude de ces deux questions, Dalaba se trouve dans des conditions excellentes.

Enfin, la question se pose de savoir si tous les vegétaux utilisables dans tout le domaine de l'Afrique occidentale française pourront vivre à Dalàba. Cela ne nous paraît pas douteux. Tous ne s'y trouveront certainement pas dans des conditions normales, car il est impossible de réaliser, en un seul point, des conditions où puissent prospérer toutes les plantes croissant sous des climats très différents. Mais l'essentiel, pour le Jardin, sera de les introduire et de les maintenir en bon état, de les multiplier, de différencier et d'étudier toutes les races, enfin de les répandre partout où le besoin s'en fera sentir.

Aux jardins d'essai incombera la tâche de faire des essais de rendement et toutes les expériences pour éclairer la culture en grand de variétés reconnues intéressantes, dans les régions mêmes où l'on voudra en essayer l'exploitation.

De Mamou, aujourd'hui capitale du Fouta-Djalon, la Mission se dirigea vers les sources du Niger, pour pénétrer dans le Kouranko vaste région très montagneuse.

Une infinité de pics et de mamelons granitiques dont quelques-uns dépassent 1,000 mètres d'altitude, tels le Taforo et le Konkonanté, et qui sont analogues aux *kagas* du centre africain, s'y dressent, et forment une série de chapelets d'où descendent, vers le sud, un grand nombre de rivières qui s'enfoncent ensuite dans la colonie anglaise de Sierra-Léone et dans la République de Libéria. Sur le versant nord naît le Niger et un grand éventail de rivières tributaires, notamment le Mafou, le Niandan, le Milo et le Dion.

Le grand fleuve africain, qui porte la fécondité sur une immense partie du Soudan occidental, sort, près de Timbikounda, d'une petite cuvette mesurant à peine 0 m. 30 de largeur sur autant de profondeur, située à 745 mètres d'altitude. Pendant les premiers kilomètres de son cours, il forme un modeste ruisseau bordé de palmiers et de fougères arborescentes.

Les habitants de la région, de race kouranko, constituent un peuple de cultivateurs industrieux, très attachés au *lougan* natal.

Le riz est la base de leur alimentation. On en cultive de très nombreuses variétés, les unes appartenant au groupe des riz d'eau, les autres, au groupe des riz de montagne.

Le cotonnier, le tabac et le kolatier sont largement cultivés dans le canton. C'est presque exclusivement par la vente des produits de ces plantes aux *dioulas* ambulants que le Kouranko se procure l'argent monnayé indispensable au payement de l'impôt et à l'achat de menus articles d'importation européenne, la verroterie, par exemple.

Le cotonnier, dont il existe de petites plantations dans chaque village, appartient au groupe du *Gossypium hirsutum* L., espèce à courte soie de la section des *Upland*.

Le tabac, de l'espèce *Nicotiana rustica* L., cultivée de préférence au *Nicotiana Tabacum* L., est planté autour de tous les villages.

Le kolatier, *Cola nitida* A. Chev., ne devient commun que dans l'extrême sud, notamment dans le canton de Koulo, près des sources du Niger et dans la direction du Kissi.

Les richesses forestières du Kouranko méritent aussi de fixer l'attention.

On trouve, au nord, la liane à caoutchouc du Soudan et de la Guinée, le *Landolphia Heudelotii* et, au sud, celle de la Côte d'Ivoire, le *Landolphia owariensis,* cette dernière peu fréquente.

Le palmier à huile (*Elæis guineensis*) fait son apparition dans la région vers 9° 30′ de latitude nord, et devient plus fréquent à mesure qu'on se rapproche de la grande forêt.

Le palmier *ban* (*Raphia sudanica* A. Chev.), qui fournit un vin de palme nommé *bangui,* et des fibres de raphia, est assez commun le long des rivières.

Enfin, nous citerons le nété (*Parkia africana*) donnant une farine alimentaire, et le méné (*Lophira alata*) dont les graines sont riches en matières oléagineuses.

L'élevage constitue aussi une des ressources du Kouranko; cependant, on ne trouve que quelques dizaines d'animaux de race bovine par village, alors que le pays pourrait en nourrir une quantité beaucoup plus grande.

La vache kouranko se rattache à la race du Fouta-Djalon; ell résiste à la piqûre de la mouche *tsétsé,* fréquente dans tout le Soudan

L'apiculture est assez développée; la plupart des nétés plantés aux environs des villages portent des ruches d'abeilles donnant un miel estimé.

Des progrès très remarquables ont été réalisés dans cette région depuis les débuts de notre occupation.

En février et mars 1899, nous parcourions pour la première fois, comme membre de la Mission du général DE TRENTINIAN, non pas le Kouranko et le Kissi, mais la province voisine du Sankaran, située au sud des cercles de Kouroussa et de Kankan, ayant sensiblement les mêmes productions, et des habitants au même degré d'évolution sociale. Samory et ses *sofas* avaient, pendant quinze ans, semé la dévastation sur un vaste territoire allant des sources du Niger jusqu'à la Volta.

En 1899, on ne voyait de tous côtés, dans le sud du Soudan, que des villages en ruines ou totalement abandonnés; les sentiers étaient jalonnés d'ossements d'hommes qui avaient été tués en fuyant, ou qui étaient morts de faim. Dans les villages où il restait des habitants, ceux-ci n'étaient couverts que d'un pagne en haillons et ils n'avaient plus de troupeaux.

Cependant, une ère nouvelle s'annonçait déjà. Le caoutchouc commençait à fixer l'attention des commerçants; les indigènes étaient incités à travailler.

Cinq ou six commerçants européens, attirés par le caoutchouc, venaient de s'installer à Kankan au moment de notre passage. Actuellement, cette ville possède une quarantaine de maisons de commerce, et le rail y parvient depuis 1910.

En 1899, quelques centaines de tonnes de caoutchouc de première qualité avaient été achetées au Soudan à vil prix. Durant les douze dernières années, c'est à près de 12,000 tonnes qu'il faut évaluer la quantité de caoutchouc qui a été produite par les quatre cercles du Haut-Niger : Faranah, Kouroussa, Kankan, Beyla.

Et du seul fait de l'exploitation de cette denrée, plus de trente-cinq millions de francs en argent ou en marchandises ont été remis aux mains des indigènes. Grâce à cela, de nouveaux troupeaux ont été achetés aux *dioulas* qui allaient les chercher dans le nord. Les habitants ont aussi appris à se vêtir plus amplement.

En 1899, nous rencontrions chaque jour, à travers la brousse, des indigènes, esclaves en fuite, ou *sofas* délivrés du chef qui les avait contraints à le suivre; ils s'en allaient à la recherche de leur village natal pour s'y établir.

Ces mêmes individus sont aujourd'hui nos sujets dociles et pourtant libres. Ils ont rebâti leurs anciens villages; ils ont défriché de nouveaux *lougans;* ils ont exploité les lianes à caoutchouc ou planté des kolatiers. Ils vivent, depuis plus de douze ans, dans un état de paix absolue, et les leurs sont en sécurité.

Presque tous, en effet, ont fait souche de famille, et les naissances ont été nombreuses si l'on en juge par la masse de jeunes enfants qui, dans le moindre village du Kouranko, s'enfuient comme des moineaux à l'arrivée de l'Européen aperçu pour la première fois. Mais, au bout de quelques heures, ils reviennent déjà apprivoisés. On peut alors les compter; nous avons vu souvent des familles de dix ou quinze enfants nés du même père et de quatre ou cinq mères différentes.

Cet état de choses est le bilan de dix-huit années à peine d'occupation française.

En aucune colonie étrangère de l'Ouest africain, de semblables résultats n'ont été atteints en si peu de temps, et, surtout, aussi loin dans l'intérieur du continent.

Nous croyons qu'il existe bien peu d'exemples, dans l'histoire, d'un pays transformé si complètement dans le sens du progrès, en un temps aussi court.

En quittant la région des sources du Niger, la mission pénétra dans celle du Kissi, une des plus belles et une des plus riches de notre domaine colonial africain, tant par la fertilité de son sol que par l'habileté agricole et commerciale de ses habitants.

Le Kissi proprement dit s'étend depuis le Kouranko jusqu'à la frontière du Libéria; il est à cheval sur les hauts affluents de droite du Niger, d'une part, et, d'autre part, sur le bassin de la Makona et de son affluent la Méli

C'est un pays de transition entre la forêt dense du sud et la brousse du nord, entre les plaines basses situées à moins de 300 mètres au-dessus de la mer, dans la vallée de la Makona, et les coteaux boisés, et souvent habités, dépassant 600 mètres d'altitude et très propres à la culture des caféiers. Les trois espèces : caféier du Libéria, caféier d'Arabie, caféier du Rio Nunez, introduites, en 1899, par un membre de la mission du général DE TRENTINIAN, M. ROSSIGNOL, forment aujourd'hui des arbustes superbes au poste même de Kissidougou, chef-lieu du Kissi.

Au sud de la rivière Makona, la forêt vierge fait son apparition entre 7 degrés et 8 degrés de latitude nord.

Mais au nord de cette forêt, la savane est constamment coupée par des îlots de hautes futaies denses; la savane est utilisée pour la culture des céréales, et, en particulier, du riz; les îlots de forêt abritent des plantations de kolatiers, de bananiers, d'ignames, de méléguette ou graine de paradis, etc.

Dans l'un de ces îlots de forêt, à Kamia, entre Bouillé et Bangadou, à quelques kilomètres à l'est de Kissidougou, nous avons eu la surprise de découvrir, tout à fait en dehors de la forêt vierge où il croit d'ordinaire, le *Clitandra orientalis* K. Schum, l'une des meilleures lianes à caoutchouc, dont la présence n'avait pas encore été signalée en Afrique occidentale.

Les Kissis nomment cette liane *yourouan,* et ils nous ont assuré qu'elle était assez commune dans les petites forêts de leur pays; mais elle n'est nulle part exploitée, par suite des difficultés qu'on rencontre pour coaguler le latex.

Très intéressante au point de vue botanique, cette découverte pourra avoir des conséquences économiques importantes pour la région, lorsque l'indigène aura appris à en tirer parti. On nous a signalé, dans ces derniers temps, la découverte, dans le Kissi, d'une autre liane à caoutchouc donnant un produit d'excellente qualité, découverte faite par un fonctionnaire du Service d'agriculture de la Guinée, M. Brossart. Cette liane est le *Clitandra Mannii* Stapf., ou une nouvelle espèce très voisine.

Mais la principale richesse du Kissi est le kolatier produisant les noix de kola, un des plus précieux produits de l'Afrique tropicale.

Nous ne croyons pas qu'il existe, dans tout le continent noir, un produit végétal qui jouisse, chez les indigènes, d'une réputation comparable à ces amandes.

Les noix de kola doivent leurs propriétés à la présence, en grande quantité, dans les cotylédons, de caféine solubilisée dans la noix fraîche sous forme de combinaisons tannoïdes. C'est un tonique de grande valeur; c'est l'aliment de luxe antidéperditeur par excellence. Il permet d'accomplir, sans fatigue, des travaux pénibles et de supporter des marches très longues. Il éloigne le sommeil et permet de consacrer au travail les heures réservées habituellement au repos; enfin, il stimule l'activité intellectuelle. Sous la réserve d'un usage modéré et non continu, le kola est, sans nul doute, l'excitant cérébral le meilleur à la disposition des intellectuels, et c'est également un agent remarquable pour les hommes de sports. C'est sous la forme de noix fraîche mastiquée à la manière des Noirs africains, qu'il produit le maximum d'action.

En collaboration avec le professeur PERROT, nous avons consacré récemment une importante monographie à ce produit précieux et aux arbres producteurs.

On en compte cinq espèces différentes. L'espèce cultivée au Kissi, qui fournit les noix à deux cotylédons utilisées de préférence par les indigènes, et, en réalité, les meilleures, doit désormais, d'après les règles de la nomenclature systématique, porter le nom de *Cola nitida* (Vent.) A. Chev., et non celui de *Sterculia acuminata,* autre espèce de PALISOT DE BEAUVOIS, ou de *Cola acuminata* employé par beaucoup d'auteurs à la suite de MASTERS et de BAILLON, ou encore celui de *Cola vera* qui lui avait été donné par K. SCHUMANN. Le nom de *Cola acuminata* doit être réservé à une espèce toute différente répandue au Bas-Dahomey, au Cameroun, au Congo, etc., produisant des noix à quatre ou cinq cotylédons, que les Nègres n'utilisent jamais qu'à défaut des précédentes.

Le *Cola nitida* a le port de nos pommiers; sa taille ordinaire est de 6 mètres à 15 mètres, mais, dans la forêt de la Côte d'Ivoire où il est spontané, il atteint parfois 25 mètres. Là, il est presque toujours stérile. Les fleurs, généralement andromonoïques, peuvent devenir androdioïques en certains milieux. Ainsi, lorsque cet arbre croît, soit sous le couvert épais de la forêt, soit à des altitudes dépassant 800 mètres au-dessus de la mer, il ne produit plus que des fleurs mâles. Le fruit adulte est formé de cinq follicules renfermant chacun de trois à dix graines ovoïdes, subglobuleuses, plus ou moins anguleuses par pression réciproque, recouvertes d'un tégument blanc, spongieux, atteignant 3 millimètres à 5 millimètres d'épaisseur. L'amande, de couleur variable, peut peser de 3 grammes à 100 grammes; elle comprend toujours deux cotylédons, dont la chair coupée prend rapidement une teinte jaune safran. On trouve cette espèce à l'état spontané entre les 5e degré et 7e degré de latitude nord, dans les forêts vierges de la Côte-d'Ivoire et du Libéria, mais elle est très répandue bien au delà de cette zone, et elle comprend diverses races que nous avons été amené à distinguer par la coloration des amandes. Le *Cola mixta,* à noix rouges et à noix blanches mélangées dans les mêmes fruits, est la forme la plus répandue. Elle forme 99 p. 100 des peuplements. Le *Cola rubra*, à noix toutes rouges, est assez commun en certaines régions. Il n'existe, au Kissi, que de rares exemplaires du *Cola alba*, produisant exclusivement des noix blanches.

Le nom de *culture* appliqué au kolatier est loin de comporter un ensemble de travaux aussi méticuleux que ceux dont les plantes utiles sont, en général, l'objet. On trouve quelques kolatiers autour des cases, dans les villages, dans certains carrefours de la forêt, mais ces peuplements, s'ils ne sont pas spontanés, ont été constitués par la transplantation de jeunes plants provenant de semis naturels. On se contente de protéger, à l'aide de quelques bâtons plantés en terre, les jeunes pieds contre la dent des herbivores, et on les laisse croître sans autres soins. Inutile d'ajouter que ces arbres, toujours plantés trop près les uns des autres, ne peuvent atteindre tout leur développement. Il est indiscutable que la sélection des graines, la greffe, l'hybridation des espèces reconnues les meilleures, et les soins culturaux donneraient de bons résultats; mais ce sont là des problèmes de longue haleine, et, seuls, les jardins d'essais pourront répondre un jour aux questions multiples que soulève la culture du kolatier.

Dans presque tout le Kissi, et surtout entre les sources du Niger et Bangadou, on rencontre de nombreux et curieux spécimens de l'art néolithique africain.

On sait qu'il existe, dans toute l'Afrique occidentale, un nombre considérable de stations de pierres taillées. Il est impossible de préciser à quelle époque remonte cette industrie. Plusieurs ateliers de taille, avec grattoirs grossiers, hachettes éclatées, etc., ont été découverts dans le pays Soussou et dans le Fouta-Djalon. Nous avons nous-même observé des gisements très riches dans le Fouta-Djalon, notamment aux environs de Boulivel.

Mais ce que l'on rencontre surtout en grande abondance à travers toute la Guinée, le Soudan, la haute Côte d'Ivoire, ce sont des hachettes en pierre polie rappelant le néolithique d'Europe. Les indigènes connaissent fort bien ces instruments. Ils les recueillent à la surface du sol, souvent après les tornades qui ont raviné les terres, d'où probablement la croyance générale que ce sont des pierres tombées du ciel. Les Noirs les conservent dans leurs cases comme fétiches. Ces hachettes polies, de dimensions très variables, taillées dans les pierres du pays, portent les noms suivants : *simbé* (soussou), *sanférin* (bambara), *guidangou* (poulo), *guirankourou* (kouranko); *sambéré* (arabe).

On confond souvent, avec ces objets, d'autres pierres qui ne paraissent avoir subi aucun travail. C'est ainsi qu'au village de Korodou (Kissi), on nous a montré une dalle de gneiss polie à la surface, considérée comme pierre tombée du ciel, et, qui, au dire des Kissis, possède la merveilleuse propriété de faire retrouver les objets volés.

On rencontre, en outre, aux environs des sources du Niger, des pierres en forme de disque, percées d'une petite ouverture au centre, et qui paraissent avoir été portées attachées au cou.

Signalons aussi de nombreuses pierres en forme de mortiers et de pilons, destinées sans doute à broyer des grains, des tubercules séchés, etc.

Mais ce qui attire surtout l'attention au Kissi, ce sont des pierres marquant la sépulture de certains chefs, et des statuettes en pierre ou en argile séchée.

Il n'est pas de village où l'on n'observe de grands cercles larges de 3 à 20 mètres, souvent dallés au centre, et dont le bord est formé par des pierres en forme de bornes, ou, plus souvent, en forme de grandes plaques. Ces monuments, aux dires des indigènes, correspondent aux sépultures d'anciens chefs du pays. On nous a même montré de ces sortes de *menhirs* qui ont été érigés, il y a quelques années, en souvenir des chefs qui furent tués en défendant leur pays contre l'invasion de Samory.

D'autres dalles, souvent adossées aux habitations, servent de sièges, et ne seraient pas des monuments funéraires.

Quant aux statues en pierre, ou en argile séchée, elles ont été depuis longtemps signalées dans la colonie de Sierra-Léone, et, spécialement aux îles Cherbro. Ce n'est que depuis quelques années qu'on les connaît dans le Kissi français. Les premiers exemplaires de cette provenance furent observés par M. Noirot, en 1905.

Depuis, une grande quantité de ces statues ont été recueillies par divers Européens, et nous-même en avons ressemblé, en 1909, une assez abondante collection. On les nomme *pomdo* ou *pondo* en kissi, *niéni* en kouranko. Certaines ne mesurent que quelques centimètres de hauteur; d'autres, représentant des enfants, des têtes, des phallus, des animaux, sont de grandeur naturelle. Certains de ces objets sculptés ont un réel cachet artistique. Ce sont souvent des groupes de plusieurs personnages se donnant la main, parfois des guerriers armés, ou des cadavres couchés.

Quelques indigènes assurent que ces statuettes reproduisent les traits de morts dont on a voulu conserver le souvenir. Ce serait le cas pour des statuettes en argile que l'on fabrique encore en certains villages. Mais il existe des statues en pierre beaucoup plus anciennes, que l'on rencontre dans la terre, en pleine forêt, ou dans les cavernes (*faran*) très fréquentes au Kissi. Quand les Noirs découvrent ces statuettes, ils les considèrent comme des objets sacrés et les conservent dans leurs cases en les enduisant d'huile; ou bien, ils les déposent sur les tombes de leurs parents. Ces dernières statuettes paraissent contemporaines des haches en pierre polie, avec lesquelles on les découvre fréquemment.

Quittant le Kissi, la mission traversa le pays des Tômas, en suivant le plus près possible la ligne de partage des eaux entre le bassin du Niger et les rivières allant vers Sierra-Léone et le Libéria.

Cette région est très montagneuse et possède des mamelons granitiques, dont les altitudes sont comprises entre 800 et 1,000 mètres.

Le palmier à huile (*Elæis guineensis*) y est très abondant, surtout entre Sampouyara et Diorodougou, et dans les environs de ce point on observe encore de véritables peuplements entre 700 et 800 mètres d'altitude; ces palmiers, il est vrai, sont élancés, et produisent peu. Néanmoins, l'huile est exploitée sur une grande échelle, non seulement celle extraite de la pulpe, mais aussi l'huile blanche, que l'indigène prépare avec les amandes.

Les grands marchés proches, Beyla, Boola, Lola, Nzô, sont ainsi approvisionnés d'huile, que des caravaniers transportent ensuite sur les marchés du sud du Soudan, ou dans les contrées où le karité n'existe pas.

Des îlots de forêts assez étendus s'observent dans les régions basses du pays tôma, tandis que les hauteurs sont occupées par des savanes parsemées de rares arbustes rabougris, analogues à celles du Kouranko.

Dans les forêts, on trouve quelques lianes à caoutchouc appartenant à l'espèce *Landolphia owariensis*; le *Funtumia africana*, donnant une gomme poisseuse, y existe également, mais le véritable arbre à caoutchouc (*Funtumia elastica*) n'y a pas encore eté trouvé.

Du pays des Tômas, la mission passa dans celui des Koniankès, qui constituent une fraction importante appartenant à la grande famille malinké.

Le défrichement et les incendies de brousse, répétés pendant des siècles, en détruisant la végétation, ont rendu le ruissellement intense, ce qui a appauvri graduellement le sol du Konian, impropre à toute culture sur de vastes étendues.

En revanche, cette contrée semble un excellent pays d'élevage. On y observe une série de plateaux, élevés de 500 et 700 mètres au-dessus de la mer, environnés de hauteurs habitables, dont plusieurs dépassent 1,000 mètres. Cet ensemble de territoires très peu peuplés nous a paru présenter les mêmes avantages que le Fouta-Djalon, pour l'établissement de peuples pasteurs. Les troupeaux de la région de Beyla, complètement razziés par Samory, sont, en partie, reconstitués aujourd'hui, et deviendront, sans nul doute, par la suite, la principale richesse du Konian.

Quelques cultures vivrières, limitées à la seule consommation des habitants, s'étendent autour des villages; nulle part, elles ne sont remarquables, sauf, toutefois, près de Beyla, centre et marché des plus importants, où nous avons été frappé par la beauté des variétés de riz et de maïs produites par les indigènes.

La mission quitta Beyla le 14 mars, et se dirigea d'abord sur Boola, ancien centre commercial, presque anéanti aujourd'hui.

Près du village, se dresse la montagne de Boola, imposante masse de diabase de 1,048 mètres de hauteur. Bien qu'elle soit par 8° 25 de latitude nord, elle marque, de ce côté, la limite de la forêt vierge; on trouve, en effet, sur son sommet, la plupart des arbres caractéristiques de la grande forêt de la Côte d'Ivoire, en particulier, le *Funtumia elastica,* que les indigènes nomment *séguéré.* Boola est la limite extrême, vers le nord, atteinte par cette intéressante essence.

Dans le pays Guerzé et dans le Karagoua, la forêt est encore interrompue par de nombreux îlots de grande brousse, mais, à partir des villages de Lané, Lola et Nzô, c'est-à-dire dès le 8e degré de latitude nord, elle couvre, d'une façon uniforme, toute la contrée et n'est interrompue, accidentellement, que sur les pentes et les cimes de quelques montagnes.

Les habitants de cette région, les Guerzés, forment une confédération qui ne paraît se rattacher à aucune autre peuplade de l'Afrique occidentale. Longtemps, et à tort, on les a crus anthropophages; mais, s'ils possèdent des mœurs frustes et primitives, ils sont beaucoup plus travailleurs et « administrables » que les indigènes du centre de la forêt.

Malheureusement, ils sont peu industrieux et ne savent pas tirer parti des richesses naturelles de leur pays; toutefois, les Guerzés de Karagoua, près de Guéaso, commencent, sous la pression d'un chef redouté et à demi civilisé nommé Gargaoulé, à récolter le caoutchouc de liane et aussi celui du *Funtumia elastica*, commun dans la région.

La mission visita les villages de Lola et Nzô, où se tiennent les plus grands marchés de kola de la contrée. L'habitant de la forêt vient y faire des échanges sur un rayon de plus de 70 kilomètres; ce n'est pas seulement le caoutchouc du *Funtumia* qu'il y apporte, mais aussi des boules (*niggers*) préparées avec le latex de *Landolphia owariensis*, liane des forêts, et de petites masses noires très élastiques (caoutchouc *manoh*, à Beyla) qui paraissent fournies par le *Clitandra orientalis*. Ces marchés sont surtout fréquentés par les Manons du Libéria et par les Bérés.

CÔTE D'IVOIRE.

Aux environs de Nzô, vient mourir la haute chaîne des monts Nimba, le massif le plus puissant du nord-ouest de la Côte d'Ivoire.

De tous côtés, cette chaîne se dresse comme une haute muraille inaccessible. On peut facilement monter jusqu'à 1,000 mètres, mais, au delà, les parois sont presques abruptes.

Cependant, M. Fleury, préparateur de la mission, en s'aidant des mains et en suivant un ravin boisé, put parvenir, avec un baromètre Fortin, jusqu'à la crête la plus voisine de Nzô, qui se présente sous forme de petits plateaux ou de terrasses larges seulement de quelques dizaines de mètres. L'altitude du point culminant est de 1,429 m. 50; elle se trouve être, d'après l'ensemble des travaux de la mission, la plus élevée de toute l'Afrique occidentale française.

Les monts Nimba sont intéressants à divers égards. Au lieu d'être constitués, comme tous ceux précédemment étudiés, par

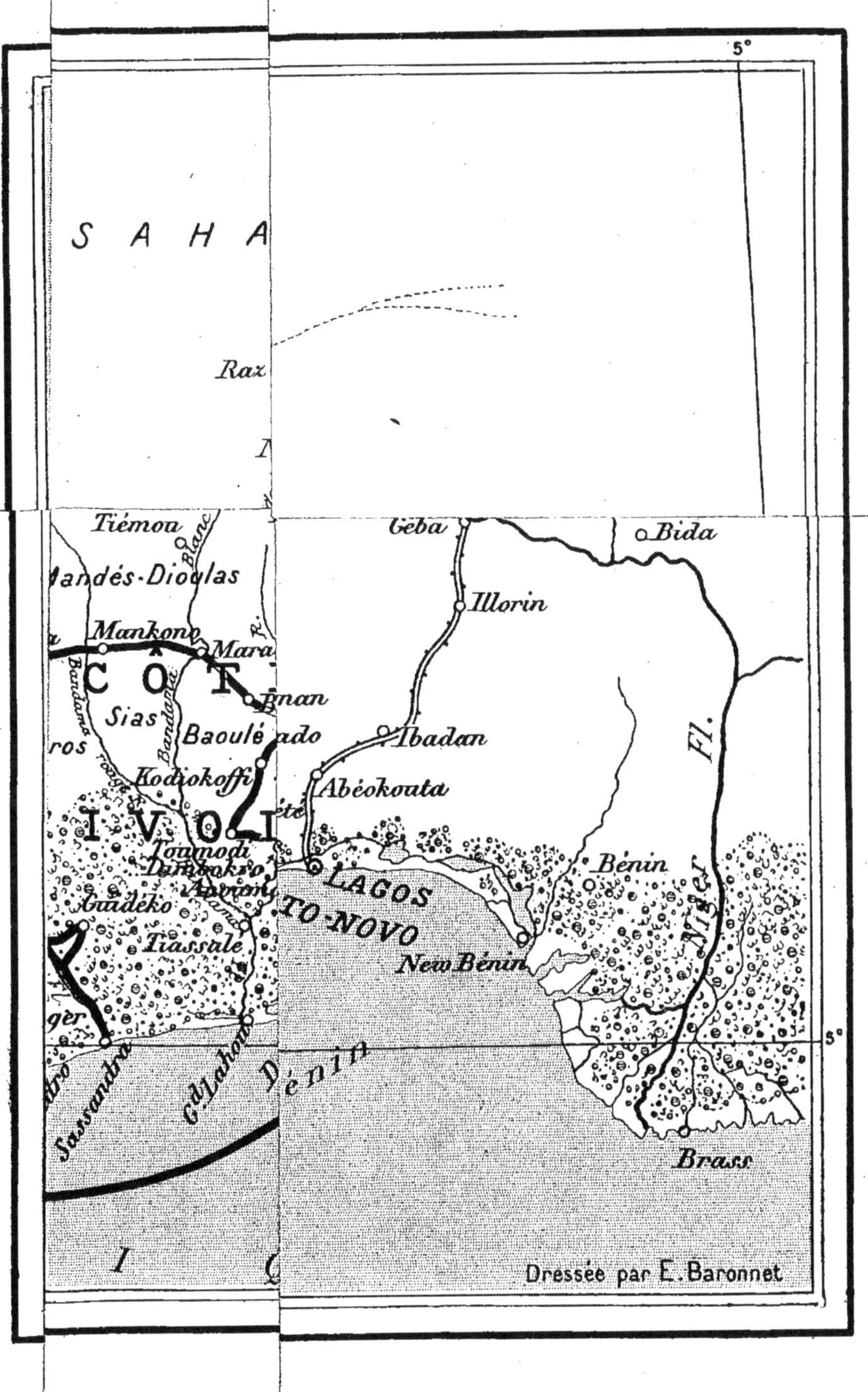
5°
S A H A
Raz
Tiémou
Mandés-Dioulas
Blanc
Mankono
Mara
C Ô T
Bandama
Sias
Baoulé
Kodiokoffi
I V O I
Toumodi
Dimbokro
Guidéko
Tiassalé
Sassandra
Gd Lahou
Bénin
I
Géba
Bida
Illorin
Ibadan
Abéokouta
LAGOS
TO-NOVO
New Bénin
Bénin
Fl.
Niger
Brass
5°
Dressée par E. Baronnet

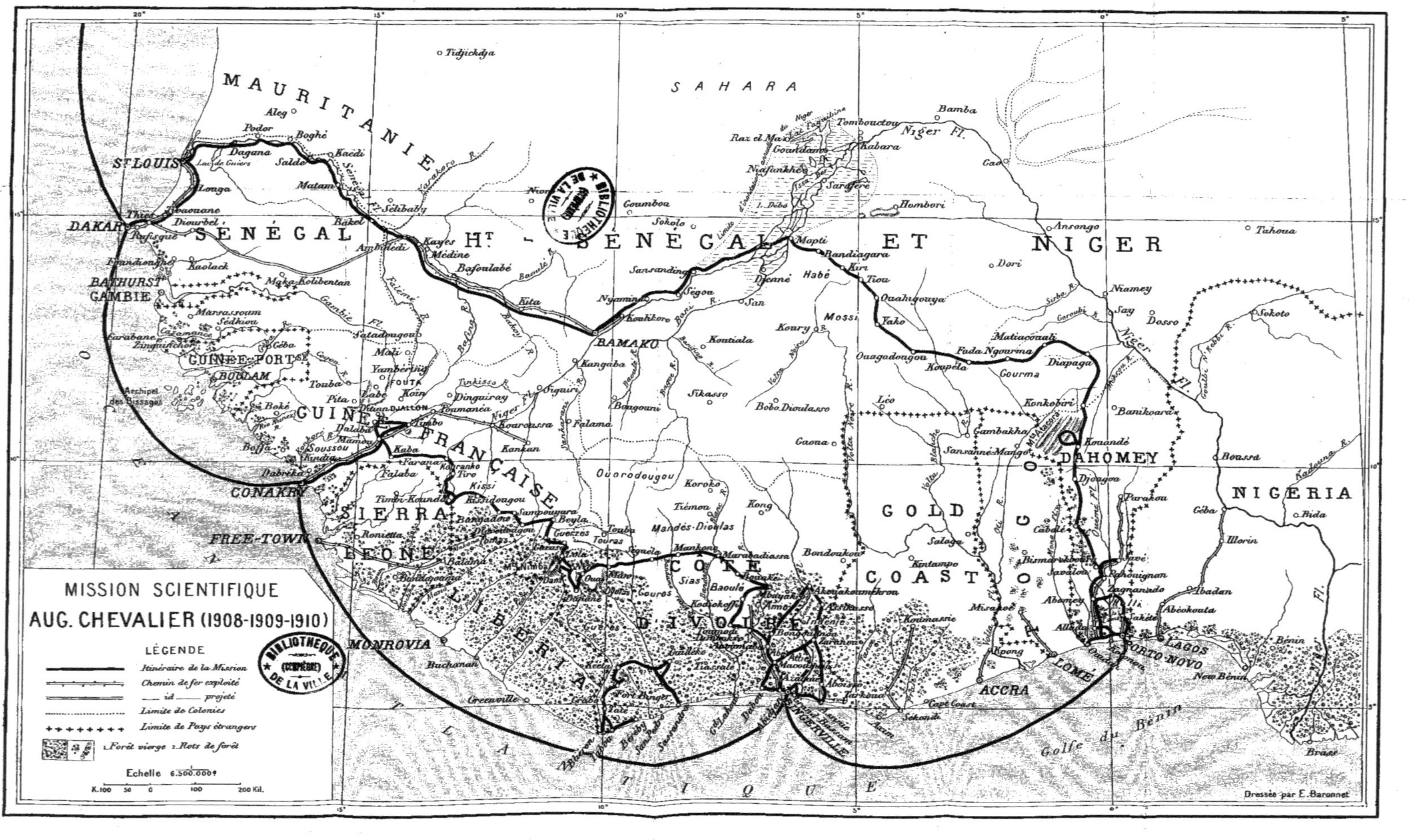

BIBLIOTHEQUE (COMPIÈGNE) DE LA VILLE
BIBLIOTHEQUE (COMPIÈGNE) DE LA VILLE

des masses de gneiss, de granite ou de diabase épargnées par l'érosion, ils forment un véritable soulèvement fait de schistes d'un brun rougeâtre, fortement injectés d'oxyde de fer et de quartzites à magnétite; sur les flancs, ces schistes sont inclinés à 45 degrés environ, mais ils s'élèvent, au sommet, presque à la verticale.

La cime de ces monts est presque toujours noyée dans les nuages; les condensations y sont abondantes et de nombreux ruisseaux en descendent, de cascade en cascade. Les deux plus importants sont le Diougou ou Cavally, qui naît sur le versant nord, et le Nuon, qui prend sa source sur le versant sud.

Les monts Nimba présentent une flore très caractéristique. La forêt ne s'y élève, presque partout, que jusqu'à 700 mètres d'altitude, sauf au bord des torrents, le long desquels elle monte, parfois, jusqu'à 1,200 mètres; au-dessus de 900 mètres, ces torrents sont bordés du *Cyathea Dregei*, la belle fougère arborescente des sources du Niger et des hauteurs du Fouta-Djalon.

Sur tous les flancs de ces monts, pousse un gazon court, formé surtout de quelques graminées et cypéracées qui recouvrent aussi certains plateaux pierreux situés au pied de la chaîne.

De Nzô, la mission se dirigea vers l'est pour aller reconnaître les sources de la rivière Nuon; cette rivière naît à 999 mètres d'altitude et tombe dans la plaine par une série de cascades taillées dans le granite gneissique à biotite, sur lesquels reposent les quartzites.

Le versant sud des monts Nimba est habité par les Dans ou Dyolas. Cette peuplade, une des plus primitives de toute l'Afrique tropicale, est réellement anthropophage, ainsi que l'avaient indiqué les premiers explorateurs du pays; nous avons, en effet, trouvé à l'entrée de certaines cases, entre Sampleu et Danané, des trophées de crânes dans un état de fraîcheur relative et dont l'origine n'est pas douteuse. Toutefois, l'anthropophagie semble n'avoir, chez ces indigènes, qu'un caractère exclusivement rituel, car la mise à mort dans des circonstances autres que la guerre, ou l'appropriation de cadavres, ne paraissent pas se pratiquer en vue de l'alimentation. A l'ouest des Dyolas, vivent les Manons, qui leur sont apparentés. Enfin, dans la même région, vivent les Bérés, dont la taille dépasse rarement 1 m. 50 et qui sont très probablement apparentés aux *Pygmées, Négrilles* ou *Babingas* de l'Afrique équatoriale. Nous avons rapporté de ces régions, au laboratoire d'anthropologie du Muséum, un crâne qui a permis au Dr Poutrin de préciser encore davantage ce rapprochement.

Il existe, dans le nord-ouest de la Côte d'Ivoire, un second massif montagneux constitué par un nombre considérable de monts granitiques en formes de dômes, plus rarement pointus ou soudés plusieurs ensemble de manière à former des crêtes en dos d'âne, arêtes parfois rectilignes, mais plus souvent formant des lignes ondulées ou brisées.

S'étendant entre les bassins du Cavally et du Sassandra, sur un ruban large de plus de 50 kilomètres, ce massif donne naissance à plusieurs grandes rivières tributaires du Sassandra, ou de son grand affluent le Bafing, dont le Zô, le Koué et la Mé.

Nous avons cherché à gravir les cimes les plus élevées, mais, au milieu de ce chaos montagneux formé certainement de plus de mille sommets dénudés surgissant en pleine savane, dans toutes les directions, il est très difficile de déterminer celui qui dépasse tous les autres.

A l'ouest, le mont Momy, se dressant à environ 1,200 mètres d'altitude, est celui qui nous a paru le plus élevé de tout le massif; au nord-ouest, le mont Guablé paraît dépasser 1,100 mètres; les monts Droupolé (Drouplé des anciennes cartes) ne se dressent qu'à 1,000 ou 1,100 mètres, et non à plus de 3,000 comme le pensait le lieutenant Woelffel; le mont Dou, d'une altitude de 1,171 mètres, semble le point culminant de la région centrale; aux environs de Dioandougou et de Man, existent aussi de hauts pitons; enfin, tout à fait au nord-est, en pays toura, le Gouékouma, de 900 mètres, et le mont Soulou, d'environ même hauteur, sont les plus élevés de la contrée.

Nous avons rapporté de cette région de nombreux échantillons minéralogiques, qui ont permis à M. le professeur A. Lacroix, du Muséum, d'étudier la constitution géologique de cette contrée. Toutes les roches recueillies entre le Haut Nuon et le confluent du Sassandra et du Bafing constituent « une série continue allant d'un granite à hyperstène presque uniquement constitué par du quartz et des feldspaths, jusqu'à une norite dépourvue de quartz et renfermant au moins 50 p. 100 d'hyperstène »[1]. A l'état frais, toutes

[1] A. Lacroix, Sur l'existence à la Côte d'Ivoire d'une série pétrographique comparable à celle de la charnockite. (*C. R. Acad. Sc.*, t. CL, p. 18, 3 janvier 1910).

ces roches sont grises, mais, le plus souvent, elles sont colorées en jaune ou en chamois par des infiltrations ferrugineuses. La structure de toutes ces roches est granulitique; quelques-unes d'entre elles (les norites quartzifères, en particulier) sont un peu rubanées. « Le très grand intérêt de cette série pétrographique, ajoute M. A. Lacroix, réside dans ce qu'elle appartient à une famille jusqu'ici assez rare. » Elle se rapproche beaucoup de la série de la *charnockite*, dénomination appliquée par M. Holland à des roches de l'Inde.

Tous les hauts sommets de cette partie de l'Afrique seraient dénudés, si une cypéracée, l'*Eriospora pilosa* Benth., ne s'implantait dans les fissures les plus étroites du granite et du gneiss, et n'arrivait à transformer les parois très abruptes en savanes presque ininterrompues. Les rhizomes aériens de cette cypéracée ont l'aspect de grands coraux noirs dont chaque branche serait terminée par des bouquets de feuilles filiformes retombantes à la façon de grandes chevelures. Par sa base, à l'aide de ses racines, cette plante édifie une véritable couche de tourbe à la surface des roches; à cette tourbe, qui n'a aucune valeur économique dans la contrée, riche en bois, viennent peu à peu se mêler des débris de roches, et il se constitue ainsi un véritable sol sur lequel d'autres plantes peuvent vivre.

En certains endroits, la forêt progresse sur ce terrain, mais, beaucoup plus souvent, la forêt, défrichée par les indigènes, fait place à la brousse soudanaise avec des bouquets d'arbustes et d'arbres épars, dont les plus caractéristiques sont le méné (*Lophira alata*) et le nété (*Parkia africana*).

Sur les parties les plus élevées des montagnes, entre 800 et 1,350 mètres d'altitude, vivent quelques-unes des plantes spéciales aux hauts sommets de l'Afrique tropicale; outre la ronce du Fouta-Djalon et la *Mæsa lanceolata* du mont Cameroun, nous avons eu la surprise d'y découvrir un olivier sauvage, l'*Olea Hochstetteri*, que l'on n'avait jusqu'à présent trouvé que dans les montagnes d'Abyssinie.

Dans cette région montagneuse et déboisée, vivent aussi les Dyolas ou Dans; mais, depuis longtemps en contact avec les Mandés du nord plus civilisés, ces Dans sont parvenus à un état social beaucoup plus avancé que ceux de la plaine; l'anthropophagie a complètement disparu; en même temps, des cultures plus étendues et plus soignées se sont substituées à la forêt dans plusieurs vallées, et la savane soudanaise a gagné du terrain.

Les villages sont, en général, plus rapprochés et plus peuplés; l'on peut évaluer leur population totale, en y comprenant les Touras, qui constituent une troisième fraction des Dans, à environ 40,000 individus, soit plus de 5 habitants par kilomètre carré, ce qui paraîtra beaucoup si l'on tient compte qu'une grande partie du pays est couverte de rochers.

Cependant, si la pénétration mandé a été bienfaisante à certains égards, elle avait un mobile peu moral.

Les Soudanais qui, autrefois, pénétraient dans la contrée, étaient des aventuriers qui ne poursuivaient qu'un but : la capture des esclaves. Pour résister à ces chasses à l'homme, et pour se protéger, les Dans ont installé leurs villages sur certains mamelons rocheux à pentes très boisées et présentant, au sommet, une plate-forme étendue ; les flancs de ces mamelons sont garnis de plantes épineuses et de taillis d'*Acacias*.

Les villages du Touradougou sont encore plus pittoresques. Qu'on imagine une roche en pain de sucre, presque verticale de plusieurs côtés, d'une hauteur variant de 50 à 300 mètres, et ayant à peine, à la base, la largeur du rond-point des Champs-Élysées ; ce pain de sucre surgit lui-même au sommet d'un mamelon très abrupt, élevé de 200 à 600 mètres au-dessus des vallées environnantes. Qu'on place 300 ou 400 cases habitées tout au sommet de ce pain de sucre, terminé par une étroite calotte arrondie, hérissée de gros blocs disloqués et parfois si étroits, que cinquante hommes debouts, serrés les uns contre les autres, pourraient à peine y tenir, et on aura une idée, encore imparfaite, de certains villages touras.

Toutes les cases, ne pouvant être construites sur la partie culminante, sont réparties sur les flancs, dans les 30 ou 40 derniers mètres; on les édifie sur tous les accidents de la pierre, sur des blocs empilés, sur d'étroites corniches surplombant parfois au-dessus du vide. Pour y parvenir, il faut d'abord monter au sommet, et descendre ensuite le long de grossières échelles en bois fixées contre la roche. L'enchevêtrement des blocs ne permettant pas toujours de trouver des surfaces planes pour édifier la case, on a, par endroits, construit des terrasses avec des pierres simplement entassées et non cimentées.

Pour arriver à un village toura, il faut faire l'ascension du mamelon sur lequel il est installé; on traverse d'abord des cultures; près d'arriver en haut, on pénètre dans un étroit sentier bordé d'une haie vive d'*Acacias* et, parfois, d'Euphorbes cactiformes; on arrive enfin à la base du rocher entouré d'un épais taillis de buissons épineux. Reste l'ascension, très difficile, du pain de sucre portant le village; dans la pierre sont entaillées, çà et là, des marches grossières; par endroits, on monte en zigzag en marchant sur des blocs empilés les uns sur les autres et adossés à la roche. Quelquefois même, surgit une complication : ainsi, pour parvenir au village de Gouréni, il faut, à mi-hauteur du rocher, entrer dans une caverne du fond de laquelle on se hisse, à l'aide d'une échelle, dans une sorte de cheminée haute de 3 à 4 mètres et qui débouche sur une corniche dressée au-dessus du vide; la montée des trente derniers mètres s'effectue le long d'une paroi presque verticale.

Les difficultés d'accès sont parfois si grandes, même pour les habitants, que dans certains villages, les femmes, parties le matin pour faire les provisions d'eau en bas de la montagne, ne peuvent rentrer que l'après-midi, après avoir accompli des tours de force pour rapporter les cruches en équilibre sur la tête.

L'agriculture est encore à l'état rudimentaire dans tout le pays des Dans.

Ceux de la plaine cultivent une grande quantité de plantes alimentaires : riz, manioc, maïs, patates, ignames, aroïdées, bananes, mais toujours en petites quantités, de sorte que, pendant une partie de l'année, ils sont obligés de vivre de racines sauvages, de chenilles, de termites, etc.

Les Dans du massif montagneux apportent plus de soins à leurs cultures; ils récoltent du riz pour leur alimentation d'une année à l'autre.

Les Touras sont des cultivateurs encore plus expérimentés; grâce à la fréquence des pluies, ils peuvent faire deux récoltes chaque année, l'une de maïs, l'autre de riz. Dans certains villages, on plante aussi un peu de sorgho, du *fonio* et des arachides.

Tous les végétaux que nous venons d'énumérer sont des espèces vivrières s'utilisant sur place. Le kolatier, que tous les Dans cultivent sur une grande échelle, fournit, au contraire, un produit commercial d'une très grande valeur; l'espèce plantée est le *Cola nitida*, qui donne les noix renommées du Kissi, de Sierra-Léone et du pays des Achantis.

Les noix sont mises en vente sur les marchés de la région, Oua, Dioandougou, Man, d'où on les exporte.

Le commerce des kolas est susceptible de prendre, en quelques années, un développement considérable; aussi, doit-on fortement encourager les indigènes à étendre les plantations autour des villages.

La production du caoutchouc est également appelée à contribuer à la richesse du pays.

Les plantes à caoutchouc sont fréquentes, surtout à l'ouest. L'arbre *Funtumia elastica* Stapf atteint jusqu'à 35 mètres de haut. C'est essentiellement un arbre de la forêt. Chez les Touras, on le chercherait vainement en dehors des galeries forestières bordant les rivières, et même dans cette station il est rare. Dans les régions forestières on trouve aussi, en quantité notable, le *Landolphia owariensis* P. B. (*mananguana* en langue dan) et le *Clitandra elastica* A. Chev. (*youhaba* en langue dan), deux lianes donnant du caoutchouc de grande valeur. Ces plantes commencent à être exploitées, et le caoutchouc tient actuellement la première place dans les transactions que font les Dans avec les colporteurs soudanais.

Le pays des Touras, déboisé ou couvert de savanes dans presque toute son étendue, est bien moins riche en produits naturels. Cependant, sur certains coteaux, le palmier à huile est très abondant, et il semble qu'en quelques endroits il a pris la place occupée par l'ancienne forêt. Dans les vallées, et, parfois, sur le sommet des mamelons, autour des villages, on trouve fréquemment le *Landolphia owariensis*. Il se montre alors sous la forme buissonnante particulière aux savanes, forme ayant le port du *Landolphia Heudelotii*, mais cette dernière espèce, spéciale à la zone soudanaise, ne s'avance pas au sud du 9e degré de latitude nord, et c'est à tort qu'un grand nombre d'auteurs l'ont signalée à la Côte d'Ivoire.

Le latex du *Funtumia* étant un des plus difficiles à coaguler, la fabrication du caoutchouc de cet arbre n'avait, jusqu'à ces derniers temps, que peu tenté l'aborigène; l'exploitation sérieuse ne fait que commencer, sous l'impulsion des commerçants soudanais qui viennent sur place acheter toute la production; malheureusement, le Dan abat l'arbre, procédé qui, rapidement, appauvrira le pays en *Funtumia*, si l'administration française n'y met ordre.

Nous avons cherché à déterminer, de la façon la plus précise, les procédés de coagulation des latex à caoutchouc.

On sait que le latex du *Funtumia elastica* est un des latex à caoutchouc les plus difficiles à coaguler. L'alcool dilué, les acides étendus, les solutions salines, le jus de citron, sont sans action sur lui, ou font apparaître seulement une mince couche de pellicules de caoutchouc non soudées entre elles. En 1907, nous avons aussi essayé vainement de coaguler par l'enfumage.

Nous n'avons obtenu la coagulation par le sel, qu'en ajoutant brusquement cette substance en quantité plus grande que le latex à coaguler, de manière que la masse ait une consistance pâteuse. Le coagulum obtenu contenait une grande quantité d'inclusions de sel, et était sans valeur.

On a dit aussi que, dans certaines régions, les indigènes coagulaient le latex en y versant de l'urine humaine. Cette affirmation est fausse; l'urine, au contraire, retarde la coagulation à l'air.

En réalité, dans toutes les parties de l'Afrique tropicale où existe le bon *Funtumia*, on connaissait seulement, jusqu'à ces derniers temps, deux procédés de fabrication du caoutchouc :

1° On abandonne le latex exposé à l'air, soit dans un récipient, soit dans une cuvette creusée en terre et à parois garnies d'argile. Au bout de quelques jours, une première plaque de caoutchouc se forme à la surface. Au bout de deux à trois semaines, parfois plus tôt si la couche n'est pas épaisse, tout le caoutchouc s'est séparé du sérum.

2° On porte à l'ébullition le latex du *Funtumia*, soit pur, soit étendu d'eau, ou additionné d'infusions de certaines plantes (par exemple, d'infusions de feuilles de *niama* [*Bauhinia reticulata*]), qui activent la coagulation. Après quelques minutes d'ébullition, le caoutchouc se sépare en masse du sérum.

Un troisième procédé, employé par les Achantis, consiste à verser sur le latex caoutchoutifère, à la température ordinaire, le latex d'une autre apocynée commune dans la forêt de la Côte d'Ivoire, le *Strophanthus Barteri*, et de battre le mélange des deux latex pendant cinq à dix minutes pour obtenir la coagulation de toute la masse.

En dehors du kola et du caoutchouc, le pays des Dans renferme d'autres richesses : l'huile de palme, le beurre de Tama fourni par le *Pentadesma butyracea* et l'huile de kobi provenant de l'amande du *Carapa procera.* Ces substances oléagineuses sont presque aussi appréciées que le karité par notre industrie. Le maïs, déjà cultivé en grand par les Touras, pourra aussi donner lieu à un commerce d'exportation lorsqu'une voie d'évacuation économique existera jusqu'à la côte.

Au début de juin 1909, nous quittions le Touradougou pour pénétrer dans le Ouorodougou.

Cette province doit son nom à sa situation sur les routes suivies par les colporteurs de kolas venant s'approvisionner de noix récoltées dans les pays du Sud.

Plat et couvert d'une savane qui n'est autre que la brousse soudanaise, le Ouorodougou est habité par une fraction importante de Soudanais appartenant à la race mandé, les Mandés-Dioulas, qui s'étend depuis le pays Lô, au sud de Séguéla, jusqu'à Kong et Bobo-Dioulasso, en plein Soudan.

Les Mandés-Dioulas constituent une des plus intéressantes populations de l'Afrique occidentale française : civilisés, industrieux et travailleurs, ils ont créé le courant commercial qui met en contact l'indigène du nord avec celui du sud, le Soudan avec la Côte d'Ivoire.

Diorolé, Touna, Séguéla et Mankono sont leurs principaux centres et marchés ; on y trouve des tissus, des verroteries, du sel, de la quincaillerie et d'autres produits européens apportés par caravanes, de Kankan ou de Bamako. Ces denrées servent à acheter les noix de kola importées du sud, notamment des pays lôs et bétés.

Toutefois, l'importance des marchés du Ouorodougou est passagère ; il est certain que ceux-ci disparaîtront le jour très prochain où la pacification des pays lôs et des pays bétés sera complète ; à ce moment en effet, le *dioula* soudanais ira s'approvisionner directement de noix de kola sur les lieux de production.

L'agriculture est en voie de développement. Le sorgho et les ignames constituent la base de l'alimentation indigène. Des races intéressantes de cotonniers sont aussi cultivées par les Noirs.

Enfin, on trouve dans la région, plus particulièrement dans le Korodougou (Séguéla) et le Koyaradougou (Mankono), une race de beaux bœufs sans bosse, intermédiaires comme taille entre le grand bœuf du Soudan et le petit bœuf de la forêt dense.

En juillet 1909, la Mission atteignit le Baoulé. On donne ce nom à une province naturelle, en forme de triangle, ayant sa base marquée, au nord, par le 8e parallèle, et son sommet formé par le confluent du Bandama et du Nzi; les deux rivières constituent les deux côtés du triangle.

Cette région, très spéciale, est constituée par un pays plat, accidenté seulement à l'est et au sud, d'une altitude de 100 mètres dans le sud et atteignant progressivement 300 mètres dans le nord. Il est couvert d'une savane parsemée d'arbres rabougris et, çà et là, de forêts claires de rôniers (*Borassus æthiopum*) et de plantations étendues d'ignames; les îlots de forêt y sont rares; il n'y existe pas de cours d'eau permanents en dehors des deux grandes artères limitant le Baoulé; aussi, les galeries forestières font-elles défaut; la flore de la savane rappelle celle du Moyen-Dahomey, dans les parties situées sous la même latitude.

Les habitants, les Baoulés, au nombre de 200,000 environ, appartiennent à la famille Achanti-Agni et sont certainement d'origine forestière; ils ont dû refouler vers le nord les premiers possesseurs du sol, qui étaient vraisemblablement des Gouros au sud, et des Sénoufos au nord.

Les Baoulés n'ont, jusqu'à présent, montré que fort peu de goût pour le commerce ou l'industrie, mais ils sont d'assez bons agriculteurs.

Les ignames constituent la base de leur alimentation Plusieurs espèces sont cultivées par les indigènes, mais, la plus répandue et celle qui forme, pour ainsi dire, le fond des plantations en Afrique occidentale, appartient à l'espèce *Dioscorea prehensilis* Benth., synonyme de *D. Cayennensis* Lamk.

Cette espèce comprend, dans le Baoulé seulement, plus de trente races distinctes, que tous les cultivateurs indigènes savent parfaitement distinguer, et à chacune desquelles ils donnent des soins particuliers.

Ces races se distinguent déjà, à l'extérieur, par la plus ou moins grande abondance des épines sur la tige, par la ramification et l'allongement des branches, par la couleur, la dimension et la forme des feuilles. Mais elles diffèrent surtout par les tubercules, tantôt allongés, tantôt presque globuleux, à pelure blanche ou grisâtre, à chair blanche, jaune ou rosée, très mucilagineuse ou simplement aqueuse, de saveur douce ou amère. Il existe des races hâtives et des races tardives, des sortes qui doivent être mangées aussitôt arrachées et d'autres qu'on peut conserver dans les cases presque une année. On en trouve qui donnent des rendements très élevés mais sont peu appréciées pour l'alimentation de l'homme, et d'autres produisant des tubercules de petite taille, mais de saveur très fine comparable à celle de nos meilleures variétés de pomme de terre.

Le Baoulé semble appelé à un réel avenir au point de vue agricole. Prochainement, le railway d'Abidjan à Bobo-Dioulasso atteindra Bouaké et permettra d'évacuer vers la côte les denrées du pays. L'élevage du bétail peut prendre de l'extension. La culture des tubercules (manioc et ignames) peut prendre aussi un grand développement. Le cotonnier existe déjà chez les indigènes et est l'objet de soins; sa culture peut être considérablement accrue. Enfin, les plantations d'espèces oléagineuses, sésames et arachides, seront une source de revenus pour les indigènes. Aux environs de Bouaké, le dixième des terrains cultivés est occupé, en juillet, par les champs d'arachides, et les rendements de cette légumineuse atteignent déjà 1.125 kilogrammes à l'hectare. Ces plantations pourront prendre de l'extension, principalement dans la zone des rôniers. La seule difficulté empêchant les arachides de donner au Baoulé des rendements aussi rémunérateurs qu'au Sénégal est l'abondance des pluies qui ne permettra pas, tous les ans, de faire la récolte dans des conditions favorables.

En dépouillant les archives météorologiques du Baoulé, nous avons pu établir qu'à Bouaké il tombait 0 m. 80 à 1 m. 15 d'eau par an, se répartissant sur 70 à 100 jours, et à Toumodi on constate 1 m. 20 à 1 m. 30 de chutes d'eau, se répartissant sur 90 à 100 jours de pluie par an. Nous sommes loin du Sénégal où, dans la région des arachides, il tombe à peine 0 m. 50 d'eau par an, se répartissant sur une quarantaine de jours.

Il y aurait aussi le plus grand intérêt à introduire, dans certaines parties du Baoulé, la culture des riz d'eau, qui donnent des rendements trois ou quatre fois plus élevés que les riz de montagne. les seuls qui soient, jusqu'à présent, cultivés à la Côte d'Ivoire. En plusieurs endroits, notamment près de Kodiokoffi, il existe des marais très étendus recouverts en partie d'eau pendant plusieurs mois et qui paraissent très favorables à cette culture.

A l'extrémité Sud du Baoulé, on pénètre dans la grande forêt vierge que nous avions déjà étudiée en 1905 et en 1907.

Nous avons consacré les quatre mois de septembre à décembre à l'étude de la forêt vierge, en visitant les pays des Abés et des Attiés, ainsi que le Morénou et l'Indénié.

Nous avons pu constater que, malgré son apparence de continuité, cette forêt diminuait de jour en jour d'étendue.

En certains endroits, notamment sur les flancs et sur les sommets des montagnes, elle s'étend grâce au sol de tourbe édifié par les *Eriospora* dont nous avons déjà parlé; mais beaucoup plus souvent, les espèces de la brousse soudanaise, qui vivent également sur les flancs et sur les sommets en contact avec la forêt, envahissent aussi et beaucoup plus rapidement ce sol de tourbe, ainsi que les terrains défrichés puis abandonnés après quelques années de culture.

Dans les régions qui ne sont pas en contact avec la brousse et où n'existent pas de montagnes, une autre cause intervient encore pour réduire l'étendue de la forêt vierge : ce sont les défrichements des indigènes. Environ un tiers de la forêt de la Côte d'Ivoire a déjà été défrichée par les Noirs depuis un temps immémorial, et il s'est reconstitué, sur son emplacement, une forêt de formation secondaire dont la flore, très appauvrie, ne renferme plus qu'une trentaine d'essences arborescentes, alors que la forêt vierge en contient 350 ou 400 espèces.

Enfin, une troisième cause contribuera, de plus en plus, à l'appauvrissement de la forêt : c'est le développement de la civilisation entraînant l'extension des cultures. En ce moment s'opèrent, en effet, en Afrique occidentale, des transformations sociales profondes; dans des contrées où sévissait, il y a peu de temps encore, l'anthropophagie, l'indigène améliore ses conditions d'existence au contact de notre civilisation; ses besoins augmentant, il étend de plus en plus les cultures qu'il est obligé de faire sur de grands espaces, ses procédés agricoles étant rudimentaires.

La forêt vierge sera donc de plus en plus entamée. Aussi, il serait temps, à notre avis, que les Gouvernements coloniaux prissent des mesures en vue d'y rendre les défrichements plus méthodiques et d'y aménager des réserves des essences utiles à l'homme.

Nos recherches sur la composition de la forêt vierge de la Côte d'Ivoire ont commencé en 1905. Jusqu'à cette époque, aucun renseignement précis n'a été publié sur la flore de cette immense forêt tropicale, qui couvre plus de 120,000 kilomètres carrés d'étendue. Au cours de nos recherches poursuivies pendant presque toute l'année 1907, et reprises en 1909, nous avons essayé d'inventorier les espèces végétales susceptibles d'utilisation, de préciser l'aire de dispersion de chacune, et nous avons déterminé aussi son degré de fréquence. La forêt de la Côte-d'Ivoire renferme, non seulement des sortes très nombreuses d'acajou, mais aussi des bois pouvant remplacer le noyer, le palissandre, le gaïac, le chêne, le teck, et la plupart des bois de nos pays utilisés en charpente, en menuiserie, ainsi que dans la fabrication de la pâte à papier. Nous avons recueilli une collection de ces bois, déposée à notre laboratoire du Muséum. C'est la plus importante de toutes celles qui ont été, jusqu'à présent, recueillies en Afrique tropicale. Soixante-douze madriers de cette collection se rapportant aux arbres les plus communs ou ayant les bois les plus beaux, ont figuré, en 1910, à l'Exposition internationale de Bruxelles et ont obtenu un Grand prix.

Dans un appendice joint à ce rapport, nous donnons la liste des arbres les plus communs entrant dans la composition de la forêt de la Côte d'Ivoire.

Nous avons enfin reconnu, dans la forêt de la Côte d'Ivoire, l'existence de nombreuses plantes à caoutchouc (arbres et lianes); plusieurs espèces d'arbres à graines oléagineuses, deux espèces de caféiers : le *Coffea humilis* A. Chev. et le *C. excelsa* A. Chev.; plusieurs variétés de kolatiers cultivés ou spontanés, à noix utilisables; deux burséracées du genre *Canarium* produisant une gomme élémi. Enfin, nous avons reconnu l'existence, dans cette forêt, du *Copaïfera Guibourtiana* Benth. qui fournit la gomme copal de la Guinée française et de la Sierra-Léone.

Avant de quitter la Côte-d'Ivoire, il nous fut donné de constater les intéressants résultats obtenus à la suite des mesures prises par M. le Gouverneur Angoulvant, chef de la colonie, en vue de propager la culture du cacaoyer.

Cette culture a donné de prodigieux résultats dans les îles portugaises de San-Thomé et Principe, ainsi que dans la colonie anglaie de la Gold Coast; notre colonie de la Côte d'Ivoire, voisine de cette dernière, possédant un climat et un sol analogues et des habitants d'aptitudes pareilles, il était naturel d'y tenter l'introduction du cacaoyer. Cette introduction est déjà ancienne, mais ce n'est que tout récemment que les indigènes ont véritablement étendu les plantations.

Ces plantations donnent, d'ailleurs, de sérieuses espérances; celles qui ont été établies récemment dans le Bas-Cavally, aux environs de Tiassalé, dans le cercle des Lagunes, et près d'Aboisso, sont en bonne voie de croissance, et l'administration locale fait faire encore aux indigènes de nombreux ensemencements.

Une autre culture, qui paraît devoir être propagée à la Côte d'Ivoire, est celle du caoutchoutier du Para, l'*Hevea brasiliensis*, la meilleure espèce d'arbre à caoutchouc comme qualité et comme rendement.

Nous avons attiré l'attention sur une soixantaine d'exemplaires de cet arbre plantés, en 1898, au jardin de Dabou, et qui avaient été, par la suite, abandonnés. Ces *Heveas* avaient continué à vivre malgré la mauvaise qualité du sol. Ce sont maintenant de beaux arbres de 0 m. 80 à 1 m. 30 de circonférence à 0 m. 40 de leur base. Nous avons pu en extraire un caoutchouc d'excellente qualité

DAHOMEY.

Dans les premiers jours de l'année 1910, nous quittions la Côte d'Ivoire pour aller étudier le Dahomey. Six mois furent consacrés par la Mission à l'exploration scientifique de la colonie. De Cotonou, principal port d'accès, nous avons rayonné sur toutes les régions avoisinantes, visitant tour à tour Porto-Novo, Sakété, le Bas-Ouémé, Ouidah, Allada, Zagnanado, Abomey, les marais de la Lama, enfin le pays des Hollis.

Un autre itinéraire nous a conduit à Agouagon, point terminus du railway. De ce point, nous avons rayonné sur Dassa-Zoumé, Savé et Savalou. Nous avons enfin traversé le Moyen et le Haut-Dahomey pour parvenir dans la province du Gourma, province actuellement rattachée au Haut-Sénégal-et-Niger. Les régions visitées dans le Dahomey septentrional sont : Cabolé, Djougou, Kouandé.

La flore du Dahomey avait été encore fort peu étudiée. Le P. Ménager, Eugène Poisson et M. Le Testu, seuls, avaient, avant nous, recueilli quelques collections botaniques pour le Muséum. Nous avons visité les régions du nord qu'ils n'avaient pas parcourues, et nous en avons rapporté de nombreux documents botaniques. Nous avons été amenés à constater que la flore du Moyen-Dahomey présente les plus grandes analogies avec celle du Baoulé. Le Haut-Dahomey se relie surtout à la province botanique du Soudan central. Un grand nombre d'espèces végétales se rencontrent, à la fois, dans les monts Atacora et dans le Haut-Chari.

Tout le pays qui s'étend depuis la mer jusqu'à 200 kilomètres dans l'intérieur présente le plus grand intérêt au point de vue agricole.

Le palmier à huile, le maïs, les ignames et le cotonnier sont cultivés sur de grandes étendues par les indigènes.

Le palmier à huile (*Elæis guineensis*) constitue la principale richesse de la colonie.

Les peuplements les plus denses se rencontrent entre la côte et la bordure sud de la région boisée et marécageuse de la Lama, sur un ruban large de 60 kilomètres, long de 110, allant de la frontière du Togo à celle du Lagos; il n'est pas exagéré de dire, qu'en ces limites, les *Elæis* couvrent tout le pays et donnent presque partout son aspect au paysage.

En certains endroits, la brousse inculte semble dominer, mais, quand on l'examine de près, on constate que cette brousse recouvre des terrains en jachères; parmi les arbres et les arbustes touffus, vivent en rangs serrés des *Elæis* étiolés; étouffés par la végétation sauvage, ils sont presque improductifs, mais il suffirait de débrousser aux alentours et d'enlever les feuilles mortes pour en faire des végétaux de rapport.

Du reste, la grande extension que l'indigène donne, depuis quelque temps, à la culture des plantes vivrières et surtout à celle du maïs, entraîne le développement des palmeraies, car, en défrichant, le Noir conserve les palmiers et il commence à les entretenir à partir du jour où le sol est mis en valeur. Il n'est pas exagéré d'affirmer, qu'au Dahomey, tout champ de maïs conquis sur la brousse, et, parfois aussi, malheureusement, sur la forêt (qui a ainsi et peu à peu disparu presque complètement) devient, par la suite, une palmeraie.

On peut donc espérer que, d'ici quelques années, le vaste territoire de 600,000 à 700,000 hectares défini plus haut pourra devenir une immense plantation d'*Elæis* presque d'un seul tenant.

Il existe de nombreuses variétés de palmier à huile, les unes, spéciales à certaines régions, les autres, très dispersées, ayant toutes des qualités qui les font rechercher ou éliminer; la plupart, en général, sont connues des indigènes.

Les caractères différentiels de chacune de ces variétés ont été étudiés sur place et ont fait l'objet du VIIe fascicule de la collection des *Végétaux utiles de l'Afrique tropicale française*, publié en 1910.

Les deux variétés les plus recommandables sont le *degbakoum*, à noyau tendre, et le *votchi*, sans noyau.

Nous avons constaté qu'il serait indispensable de pratiquer la fécondation artificielle pour conserver les bonnes variétés d'*Elæis*.

La fécondation de ce palmier est, en effet, toujours croisée, c'est-à-dire que les fleurs femelles ne semblent pouvoir être fécondées que par le pollen d'un autre individu de la même espèce; le transport de ce pollen serait à peu près impossible sans l'intervention de petits insectes qui se transportent, chaque nuit, d'un palmier à l'autre.

La culture du maïs prend aussi une grande extension depuis quelques années.

Comme toutes les céréales, il présente de nombreuses variétés; nous en avons trouvé, dans toute l'Afrique occidentale, une quinzaine bien caractérisées, reliées presque toutes par des formes intermédiaires résultant d'hybridations; celles-ci se produisent avec une extrême facilité, la fécondation, dans le maïs, étant ordinairement croisée.

Toutes ces variétés appartiennent au groupe des maïs amylacés; les meilleures sont le *khever*, importé en Europe pour l'alimentation du bétail; le *nioli*, à grains tendres servant à fabriquer l'*akassa*, mets national des Dahoméens; et, surtout le *gogolokomé* d'Allada, comparable, et même supérieur, au maïs blanc de la Plata.

Jusqu'à ces derniers temps, le maïs africain n'était cultivé que pour la consommation indigène.

Mais, depuis 1903, à la suite d'une exportation à titre d'essai qui permit de le faire connaître sur les marchés européens, un important mouvement commercial se dessina en sa faveur. Malheureusement, ce mouvement a été quelque peu enrayé dans ces derniers temps; un petit charançon, le *Calendra oryzæ*, cause de tels dégâts qu'il suffit de quelques boisseaux de maïs avarié pour contaminer une importante cargaison de cette céréale.

Les procédés employés jusqu'à ce jour pour conserver le maïs en bon état sont demeurés impuissants. A notre avis, il faudrait, avant tout, chercher à obtenir, par des sélections bien conduites, des variétés plus résistantes.

D'autre part, les terres nouvellement défrichées sur lesquelles on obtenait des rendements élevés se sont vite épuisées, l'indigène ne pratiquant aucune fumure. En beaucoup de cantons, les récoltes sont devenues médiocres et l'exportation du maïs subit, depuis trois ans, une sérieuse régression.

La culture du cotonnier est aussi susceptible d'être développée au Dahomey.

Depuis des siècles, les indigènes de presque toute l'Afrique tropicale cultivent des cotonniers et utilisent le coton sur place; on a, dans ces dernières années, cherché à importer cette denrée en Europe.

Déjà, deux colonies étrangères, voisines du Dahomey, ont commencé à produire des quantités appréciables de coton.

En 1909, l'exportation du Lagos a été de plus de 2,000 tonnes, et celle du Togo, de 584 tonnes.

Pendant la même période, notre Colonie n'est parvenue à exporter que 130 tonnes, malgré les efforts du regretté Délégué de l'Association cotonnière coloniale, Eugène Poisson, mort en 1910, victime de son dévouement à cette œuvre.

L'indigène retire beaucoup moins de profit de la culture du cotonnier que de celle des plantes vivrières, notamment du maïs; un hectare cultivé en maïs donne un revenu d'environ 240 francs, alors que, cultivé en coton, il rapporte à peine 50 à 60 francs. En outre, la récolte du coton demande beaucoup plus de temps que celle des plantes vivrières, et elle est fréquemment compromise par les insectes, les intempéries et les maladies.

Eugène Poisson, avec son admirable sens pratique, avait très bien compris les difficultés de la situation. Dans les derniers temps de sa vie, il encourageait l'indigène à semer seulement le coton à travers les plantations de maïs ou d'ignames, et il lui était alors aisé de convaincre le cultivateur de l'intérêt qu'il y avait à faire du coton en culture dérobée, puisque le rendement venait s'ajouter à celui des plantes vivrières. C'était aussi pour cette raison que Poisson avait cherché et trouvé des débouchés aux ignames de la région de Savé, Agouagon, Savalou, et il était persuadé que l'extension de la culture du maïs et des ignames aurait pour répercussion fatale l'extension de la production cotonnière.

Il existe, au Dahomey, plusieurs variétés indigènes de coton, parfaitement adaptées au climat et au sol, très résistantes aux maladies, et donnant déjà des rendements relativement élevés quand elles sont cultivées en terrain approprié et ensemencées à la saison propice. Nous citerons tout spécialement un hybride provenant du *Gossypium arboreum* croisé par *Gossypium barbadense,* plante à graines vêtues et à port élancé comme dans la première espèce, mais à feuilles et à fleurs rappelant la seconde. Eugène Poisson avait obtenu aussi des résultats encourageants en cultivant un *Gossypium brasiliense* pur, ou croisé par *Gossypium barbadense* provenant du Togo. C'est le coton à graine lisse de cette colonie.

Nous avons, enfin, attiré l'attention sur une légumineuse à fruits souterrains, cultivée en diverses régions du Dahomey, le *doï* (*Kerstingiella geocarpa* Harms), que nous avons aussi décrite sous le nom de *Voandzeia Poissoni.*

Le *doï* fournit une graine qui est certainement l'un des légumes les plus agréables d'Afrique, même pour l'Européen; il est très supérieur aux meilleures variétés de fèves, de haricots, de doliques, etc.; malheureusement, il donne des rendements faibles, au point qu'au Dahomey, seuls les chefs peuvent en consommer.

Ce précieux légume devrait être cultivé dans tous nos postes de l'Afrique occidentale française.

Une des contrées les plus intéressantes parcourues par la Mission est le pays des Hollis.

Entre le cours inférieur de la rivière Ouémé et la frontière occidentale du Lagos, vers le 7e parallèle, à une cinquantaine de kilomètres seulement au nord de Porto-Novo, existe un petit territoire de 600 kilomètres carrés habité par une peuplade spéciale, les Hollis, qui, jusqu'à ces derniers temps, était restée réfractaire à toute pénétration.

La Mission l'a parcouru et a pu y recueillir quelques renseignements intéressants concernant également la région comprise entre Sakété, Kétou et Zagnanado.

De Porto-Novo à Sakété existe une plaine à peine ondulée, couverte de cultures de maïs et d'ignames, et de bouquets de palmiers à huile; toutes ces cultures sont parfaitement tenues et ne sont interrompues que par les groupes de cases éparpillées dans la plaine. Peu de régions, en Afrique, sont parvenues à un tel état de prospérité.

A l'approche de Sakété, l'aspect change; les champs (*glétas*) deviennent clairsemés; en revanche, apparaissent de vastes jachères couvertes de buissons impénétrables mêlés d'arbres à bois tendre, notamment d'*Albizzia*, et analogues à la forêt reconstituée de la basse Côte-d'Ivoire.

Les îlots de forêt deviennent même fréquents; de Sakété à Pobé, on traverse des bas-fonds inutilisables pour la culture et couverts de hautes futaies dans lesquelles on retrouve la plupart des belles essences de la Côte d'Ivoire. Ces îlots sont malheureusement de très faible étendue, mais, à la vue de quelques arbres gigantesques éparpillés à travers les champs et les jachères, on acquiert vite la conviction que la grande forêt vierge a, jadis, couvert tout le pays.

Le grand massif forestier de l'Afrique équatoriale était donc relié, il y a quelques siècles à peine, à la forêt de l'Afrique occidentale, par un étroit ruban forestier s'étendant depuis le littoral jusqu'au 7e parallèle, à travers le Lagos, le Dahomey et le Togo. La densité de la population dans ces dernières régions explique pourquoi les indigènes ont été amenés à détruire progressivement la forêt pour établir leurs cultures.

A partir de Pobé, c'est-à-dire vers le 7e parallèle, beaucoup d'essences forestières disparaissent. La végétation soudanaise se montre déjà çà et là sur les plateaux, mais, en arrivant à Adja-Ouéré, le terrain s'abaisse brusquement; les marais du pays Holli, parsemés de nombreuses petites dépressions où l'eau séjourne presque toute l'année, s'étendent sur une vingtaine de kilomètres de large.

En février, époque à laquelle nous avons parcouru ce pays, il a un aspect des plus caractéristiques; le sol est noir, dur, craquelé. Dans toutes les directions, des fourrés de hautes herbes desséchées, entremêlées de buissons, la plupart épineux, le recouvrent là où il est dénudé; ailleurs, des futaies assez élevées, composées surtout de *Conocarpus leiocarpus* et d'*Acacia Suma*, occupent les talus de certaines dépressions; ailleurs enfin, les Hollis ont amassé la terre en buttes ou en sillons élevés afin d'y faire des plantations de maïs et de cotonniers, vite envahies par les herbes de marécages.

Ce pays, par sa végétation et par son sol, présente les plus grandes analogies avec certaines régions du bassin du Chari que nous avons traversées autrefois, notamment le Dar-Goulla, autour du lac Iro, et certaines parties du Baguirmi, au sud du Tchad;

c'est ce même terrain que le colonel LENFANT a vu dans le bas Logone, et qu'il a appelé les « terres cassées ».

Les Hollis ont aménagé le centre du marais pour y établir leur *glétas* et leurs villages. Sur tout le pourtour, la grande brousse a été conservée dans un rayon de plusieurs kilomètres, formant ainsi une réserve primitive dans laquelle vivent encore des éléphants. Vers le nord, entre Massé et Kétou, cette végétation est formée exclusivement de brousse soudanaise (karité, nété, *Terminalia*, etc.).

A Kétou, le sol, recouvert, en beaucoup d'endroits, d'un conglomérat ferrugineux, s'élève de quelques dizaines de mètres; au contraire, dans l'ouest, la plaine s'abaisse vers l'Ouémé, et, près du village d'Agové, se creuse d'une cuvette, le lac Azri, en communication avec l'Ouémé; les abords de ce lac présentent une ceinture de terres noires analogues à celles de la région holli.

Au point de vue géologique, il n'est pas douteux que ces terres constituent un dépôt lacustre dans lequel les matières organiques décomposées sont en grande proportion; le pays holli représenterait donc le fond d'une lagune aujourd'hui comblée. Dans le sous-sol, on trouve des schistes argileux grisâtres, en bancs horizontaux, semblables à ceux qui reposent sur les calcaires de la Lama.

La terre, en contact avec ces schistes, contient souvent une grande quantité de petites concrétions blanchâtres; les plus grosses dépassent rarement la taille d'une noisette. Les indigènes les nomment *Kognia*. Nous avions pris ces concrétions pour du calcaire et nous en avions expédié une petite quantité au laboratoire de Paléontologie du Muséum. A l'examen, M. THÉVENIN reconnut que ces roches étaient phosphatées; il les communiqua à M. DEMOUSSY, assistant du laboratoire de chimie du Muséum, qui en fit une analyse quantitative et constata qu'elles renfermaient 36,7 p. 100 d'acide phosphorique, ce qui correspond à 80,4 de phosphate de chaux. Elles contiennent peu d'alumine et de fer

Ces concrétions constituent donc un phosphate de chaux de très bonne qualité et elles seraient exploitables si elles étaient assez abondantes. Elles proviennent, sans aucun doute, de la décomposition du terrain éocène sous-jacent; l'avenir dira si les gisements sont assez étendus pour donner lieu à une exploitation rémunératrice. C'est sans doute à la présence du phosphate de chaux qu'il faut attribuer la fertilité du pays des Hollis.

Nous avons constaté qu'en quelques points l'hectare de cotonniers pouvait produire de 200 à 500 kilogrammes de fibres, alors que sur le plateau d'Abomey les indigènes ne récoltent en moyenne que 50 à 80 kilogrammes de fibres sur la même superficie.

La flore de ces régions est des plus variées. On observe : 1° au sud, des restes de végétation forestière; 2° sur l'emplacement de la lagune Holli, un mélange de végétaux de marais et d'essences de forêt associées à quelques plantes de savanes; 3° enfin, au nord de la lagune, la brousse soudanaise interrompue encore par des marais à l'approche de l'Ouémé et du lac Azri.

Une cinquantaine d'espèces d'arbres, existant à la fois au Gabon ou au Cameroun et à la Côte d'Ivoire, se rencontrent dans la partie boisée du sud, et témoignent que la grande sylve africaine s'est étendue autrefois sur ces contrées.

Comme essences les plus remarquables, il convient de mentionner : l'arbre à suif (*Allamblackia*), le *kobi* (*Carapa procera*) et l'*owala* (*Pentaclethra macrophylla*) produisant des graines oléagineuses, le *Daniella oblonga* considéré comme source de l'*Ogea-gum*, l'*okoumé* de la Côte d'Ivoire (*Canarium occidentale*) produisant une gomme élémi, le *finzan* (*Blighia sapida*) donnant des fruits comestibles, des sapotacées aux bois précieux (*Malacantha Warneckeana*, *Mimusops lacera*, *Chrysophyllum africanum*), le *teck* d'Afrique ou *Rokko* (*Chlorophora excelsa*), l'arbre à pagnes (*Antiaris africana*).

Le *Funtumia elastica* n'a pas été rencontré à l'état spontané. En revanche, les lianes à caoutchouc sont fréquentes et variées. Citons : le *Landolphia owariensis*, le *L. owariensis* var. *rubiginosa* Stapf, le *Clitandra elastica*, le *Clitandra micrantha*, et enfin le *Carpodinus hirsuta* qui produit en abondance, comme l'on sait un caoutchouc de qualité très secondaire (*Accra past*).

On constate aussi l'abondance d'une asclépiadée, l'*Omphalogonus calophyllus* Bn., donnant des fibres utilisées par l'indigène pour fabriquer des filets de pêche.

Dans la région des savanes, au nord du pays holli, existent des essences totalement différentes. Les plus remarquables sont : l'arbre à encens du Soudan (*Daniella thurifera*), le santal d'Afrique (*Pterocarpus erinaceus*), l'*Acacia Suma* produisant une sorte de cachou, le karité, et enfin le nété (*Parkia*). L'espèce que nous avons rencontrée au Dahomey n'est pas, comme on pouvait le supposer, l'espèce du Soudan nigérien (*Parkia biglobosa*), mais une espèce spéciale, le *Parkia intermedia,* qui n'était encore connue qu'à San-Thomé.

Tout le sud-est du Dahomey est habité par des tribus qui se rattachent à la grande famille Yoruba-Nago; les Hollis, seuls, semblent constituer une peuplade particulière, sans doute apparentée aux Adjas, race encore mal connue qui a occupé autrefois la contrée.

Le pays holli est appelé à un réel avenir; ses terres noires conviennent surtout à la culture du cotonnier, culture à laquelle la pénétration prochaine du railway de Sakété à Kétou donnera de l'extension.

Après avoir parcouru, pendant plusieurs mois, les belles provinces du Bas et du Moyen-Dahomey, la Mission pénétra dans celles beaucoup moins riches du nord, habitées par des populations Baribas et Dendis, très clairsemées.

Le railway arrivera prochainement dans ces régions et il est urgent d'y rechercher des produits d'exportation.

L'arbre à beurre, ou karité, qui croît à l'état spontané dans tout le Haut-Dahomey, constituera vraisemblablement pour le pays un élément de richesse.

Malheureusement, croissant à l'état inculte, dans une brousse annuellement incendiée, cet arbre ne peut donner qu'un faible rendement, qui a suffi, jusqu'à présent, aux besoins du pays.

Le karité (*Butyrospermum Parkii*) est un des arbres les plus répandus dans la brousse du Moyen et du Haut Dahomey. Du 7e au 8e parallèle, on en compte environ 10 à l'hectare; du 9e au 11e, environ 25; plus au nord, ils sont plus clairsemés; mais il en existe encore dans tout le Mossi et jusqu'à la falaise de Bandiagara. Nous pensons que la quantité d'amandes sèches de karité produites pendant une année moyenne (car les récoltes sont très variables) dans tout le Dahomey n'est pas inférieure à 70,000 tonnes. Environ 1,000 tonnes de graisse de karité sont consommées dans cette colonie et 250 tonnes exportées. Ces quantités correspondent à 5,000 tonnes d'amandes, soit le 1/12 de la production. Il existe même des régions où l'on ne tire pas parti du centième des noix produites, alors qu'au contraire, on recueille toujours les gousses du nété. Les arbres étant très dispersés et peu productifs à travers la brousse, la cueillette des fruits demande beaucoup de temps; la préparation des amandes est aussi très lente. En outre, les karités de la brousse produisent peu. Chaque année, un grand nombre d'arbres relativement beaux restent stériles. Si l'on pouvait amener les indigènes à planter des variétés de choix, le problème changerait complètement d'aspect. Entre Bobo-Dioulasso et San, au Soudan, il existe déjà de belles plantations autour des villages. Les karités plantés produisent annuellement de 1,000 à 2,000 fruits et parfois jusqu'à 4,000 fruits par an, soit de 6 kilogrammes à 12 kilogrammes et parfois jusqu'à 24 kilogrammes d'amandes. En espaçant les arbres de 15 mètres à 20 mètres les uns des autres dans les vergers, on pourrait cultiver, dans les intervalles, les céréales africaines, et leur rendement ne serait pas sensiblement réduit.

Les monts Atacora, situés à l'ouest de Kouandé, sont une des régions les plus intéressantes parcourues au cours de notre dernière exploration. En compagnie de l'administrateur Rodrigues, nous avons pu visiter la partie du massif où la Pendjari prend sa source. C'est un pays extrêmement rocailleux, coupé de ravins profonds, avec des rivières torrentielles permanentes bordées de petites galeries forestières. Nous avons eu la surprise de rencontrer, dans ces galeries, un certain nombre d'essences des plus intéressantes. Nous citerons seulement : le *Pentadesma Kerstingii* Engler, dont les amandes donnent une matière grasse utilisée; le *Xylopia Eminii*, l'une des sources du poivre d'Éthiopie; le Bambou d'Abyssinie (*Oxytenanthera abyssinica*). Il existe encore quelques buissons de liane à caoutchouc (*Landolphia owariensis* P. B.). Là, ils atteignent leur limite nord extrême par 10° 30 de latitude nord et ils sont trop peu nombreux pour pouvoir être exploités.

La constitution géologique de ce pays a été exposée par M. H. Hubert[1]. Des quartzites, d'âge indéterminé, en constituent l'ossature. Toutefois, à Tanguéta, à l'entrée de la plaine de la moyenne Pendjari, nous les avons vus reposer sur des schistes violacés, presque verticaux.

Dans les monts Atacora, vivent les Sombas ou Kafiris, peuplade des plus primitives. Hommes et femmes vivent entièrement nus et habitent des sortes de petits châteaux forts en terre séchée, avec un étage et des tourelles dans lesquelles on accède par des échelles. Les Kafiris forment une population dense de plus de 100,000 habitants. Ce sont des agriculteurs expérimentés qui cultivent, avec

[1] *Mission scientifique au Dahomey*, p. 350 et suiv.

beaucoup de soins, de nombreuses variétés de sorghos, de pénicillaires et de *fonio*. Les ignames cultivées deviennent rares à partir du 10e parallèle; dès le 11e parallèle, on n'en rencontre plus dans les champs,

L'élevage du bétail ne se pratique que sur une petite échelle. Les pasteurs peuhls, qui forment de petites colonies à travers tout le pays bariba, commencent aussi à s'aventurer dans le pays somba qui leur était resté fermé jusqu'à ces derniers temps. Il importe que ce pays, encore incomplètement soumis à notre administration, soit effectivement occupé le plus tôt possible.

En me rendant des sources de la Pendjari à Djougou, je fus victime d'un accident qui faillit avoir un dénouement fatal.

Au cours d'une herborisation, un petit serpent, appartenant sans doute à la famille des vipéridés, me fit une morsure qui amena, en quelques minutes, des accidents très graves. Les soins dévoués de l'administrateur Rodrigues, qui pratiqua à temps une injection de sérum antivenimeux de l'Institut Pasteur (sérum Calmette), conjurèrent tout danger. Le vaillant fonctionnaire qui m'avait sauvé mourait quelques mois plus tard, victime des fatigues qu'il s'était imposées pour explorer, soumettre et administrer les Pays Lombas.

HAUT-SÉNÉGAL ET NIGER.

Dans les premiers jours de juillet 1910, la Mission pénétra dans la colonie du Haut-Sénégal et Niger par la province du Gourma, pays de peu d'avenir au point de vue agricole, couvert de steppes parsemées d'*Acacias* gommifères, arides pendant huit mois de l'année par suite d'une sécheresse intense, inondées pendant les quatre autres mois, par des pluies abondantes et par l'absence de tout écoulement.

La population est clairsemée; les rares habitants s'adonnent à l'élevage du bétail et des chevaux. En dehors des Gourmas, apparentés aux Mossis, le pays est habité par d'assez nombreuses tribus peulhs.

D'un aspect tout différent est le Mossi, belle et riche contrée située à l'est du Gourma, arrosée par les deux Volta et leurs affluents, et peuplée d'environ deux millions d'habitants, si l'on tient compte de toutes les provinces qui y sont rattachées.

Le Mossi avait acquis, il y a plusieurs siècles, une grande renommée dans tout l'Ouest africain. Dans la seconde moitié du xviiie siècle, des Mandés-Dioulas de la région de Ségou vinrent s'établir dans le pays; ils ont été la souche d'où sont sortis les Yarsés actuels disséminés dans toute la région, parlant encore la langue mandé et monopolisant le commerce. Toutefois, le fonds de la population est constitué par la race mossi.

Malgré l'irrégularité des pluies, les diverses céréales africaines, pénicillaire, maïs, riz, et principalement le sorgho, donnent au Mossi de bonnes récoltes, dans de vastes plaines transformées, sur de grandes étendues, en terrains de culture.

Le cotonnier y est très répandu, et sa culture constituera, sans doute, l'une des principales ressources de la contrée lorsque des moyens de transport permettront d'écouler facilement le coton vers le Niger.

Il faudra surtout s'attacher à sélectionner les variétés du pays; nous pensons qu'il serait imprudent, pour le moment, d'introduire des variétés étrangères à plus fort rendement, mais non adaptées au sol et au climat. C'est ainsi qu'après avoir déjà tenté d'acclimater sur les bords du Niger les cotonniers d'Amérique, on a dû reprendre la culture du cotonnier indigène, plus rustique et plus réfractaire aux maladies.

Malgré la densité de la population, une infime partie de l'immense boucle du Niger est cultivée.

La nature a gardé presque partout, dans ce vaste territoire, son aspect primitif; dès le début de la saison des pluies, à la mousson de printemps, le sol, desséché, brûlé, s'émaille des pousses tendres d'une infinité de graminées et d'assez nombreuses légumineuses. Plus de 150 espèces de ces graminées vivent au Soudan, mais une trentaine seulement ont une réelle valeur fourragère; les plantes fourragères les plus recherchées par le bétail sont : le *Pennisetum setosum*, le *Rottboellia exaltata*, le *Digitaria sanguinalis*, le *Zornia diphylla*, l'*Alysicarpus vaginalis* et le *Dactyloctenium ægyptium*, dont les graines, au Sahel et au Baguirmi, sont recueillies pendant les périodes de famine pour servir à l'alimentation. Nous avons pu faire une étude détaillée de ces plantes fourragères.

Dans ces immenses pâturages qui restent verts pendant huit mois de l'année, d'avril à novembre, l'indigène pratique, sur une large échelle, l'élevage des bovins, des moutons et des chevaux; c'est ainsi que, dans le seul cercle de Ouagadougou, l'on compte environ 100,000 bœufs, 200,000 moutons, 20,000 chevaux et 30,000 baudets.

Le nombre des animaux de race bovine vivant en Afrique occidentale française était évalué, en 1909, à 2,540,000 têtes (Pierre). Les moutons à laine, localisés dans la province du Macina, étaient au nombre d'un million en 1905 (Vuillet). Un rapport de 1905 évaluait le nombre des chevaux du Soudan à 30,000; nous estimons que le nombre de ces animaux vivant dans toute l'Afrique occidentale française ne doit pas être inférieur à 100,000.

Il apparaît de plus en plus certain que les vastes régions couvertes de brousse et de savanes qui s'étendent sur l'Afrique tropicale depuis la limite nord de la grande forêt équatoriale jusqu'au Sahara, c'est-à-dire sur plus de 1,000 kilomètres de largeur, et en longueur depuis le Sénégal jusqu'à l'Abyssinie, sont appelées à un très grand avenir au point de vue de l'élevage des animaux domestiques. Les territoires français compris dans la boucle du Niger, notamment, paraissent très favorables à l'élevage des chevaux, des baudets, des moutons à viande et à laine.

Après avoir escaladé la falaise de grès du pays habé, entre Ouahigouya et Bandiagara, nous parvenions, en septembre 1910, à Mopti, au confluent du Niger et du Bani. En 1899, lors de notre premier voyage au Soudan, ce n'était qu'un misérable village de pêcheurs. Aujourd'hui, c'est un centre commercial qui exporte vers l'Europe des peaux, de la laine, de la gomme, des plumes de parure, et qui pourrait fournir aux autres régions de l'Afrique occidentale, moins bien partagées, de grandes quantités de riz.

De vastes territoires sur lesquels s'étend, chaque année, l'inondation du Niger, pourraient être transformés en rizières.

De très nombreuses sortes sont déjà cultivées par les indigènes, principalement aux abords du lac Débo; dans tous les terrains soumis à l'inondation, vit aussi une espèce spontanée se propageant par rhizomes et paraissant vivace. Nous l'avons nommé *Oryza Barthii* A. Chev., en souvenir du célèbre explorateur allemand qui avait observé ce riz sauvage au Baguirmi.

La culture des autres céréales, et notamment celle du sorgho et du maïs, peut aussi prendre un très grand développement dans la vallée du Moyen-Niger.

Nous avons dit plus haut la confiance que nous avons dans l'avenir de la culture du coton dans ces contrées.

La production des arachides et des sésames tend aussi à se développer entre Ségou et Bamako, et surtout le long de la voie ferrée, entre Kayes et Kita.

Le long du grand fleuve africain, les pêcheurs *somonos* cultivent en quantité le *Da* (*Hibiscus cannabinus*), qui fournit des fibres pour la fabrication des filets. Ces fibres, de valeur comparable au *jute*, pourront vraisemblablement donner lieu plus tard à une exportation.

Parmi les textiles, il convient aussi de mentionner le *sisal*, dont la culture est tentée aux environs de Kayes, par un actif colon, M. Renoux.

En résumé, nous rapportons de ce voyage la conviction que c'est surtout vers l'extension des cultures indigènes que se dessine l'évolution économique de l'Afrique occidentale française.

SÉNÉGAL.

Notre séjour au Sénégal a été de très courte durée. Nous avions, précédemment, étudié la flore de ce pays au cours de nos voyages de 1900 et de 1902.

Des pays où l'on pouvait difficilement pénétrer à cette époque, notamment le Ferlo, sont aujourd'hui très facilement accessibles grâce à la voie ferrée en construction de Thiès vers le Soudan. Le temps nous manqua, malheureusement, pour faire l'exploration botanique de cette région.

Le 23 octobre 1910, nous nous embarquions à Dakar avec toutes nos collections, et nous étions de retour en France le 1er novembre, après une absence de deux années.

RÉSULTATS GÉNÉRAUX.

Les recherches de la Mission se sont effectuées à travers les cinq colonies constituant l'Afrique occidentale française (Guinée, Côte d'Ivoire, Dahomey, Haut-Sénégal et Niger, Sénégal), sur un parcours d'environ 15,000 kilomètres. Ce voyage constituait, du reste, la sixième mission accomplie par nous en Afrique tropicale depuis 1898. Nos explorations ont été suffisamment complètes pour nous permettre de donner une vue d'ensemble sur la flore, les ressources agricoles et forestières, et les autres productions naturelles de nos possessions de l'Ouest africain.

Nous avons, notamment, étudié les plantes vivrières, les textiles, etc. Toutes les espèces cultivées : riz, maïs, sorghos, arachides, ignames, doliques, cotonniers, etc., présentent, dans nos possessions, de nombreuses variétés; comme nous l'avons dit plus haut au sujet du coton, ce serait une faute de vouloir leur substituer, pour l'instant, des variétés étrangères.

Il appartient à nos jardins d'essais coloniaux, dont l'organisation est malheureusement encore rudimentaire, de chercher à améliorer les variétés indigènes les mieux adaptées à chaque pays. En perfectionnant les procédés de culture, le Noir obtiendra de ces plantes un rendement plus élevé et ne sera pas exposé aux échecs qui l'attendent, si on lui fait cultiver des races non expérimentées.

C'est à l'Administration qu'il appartient de faire effectuer, par des stations appropriées, les études et les expériences qui doivent ensuite servir de base pour guider les colons et les indigènes.

Le principal résultat des travaux de notre mission a été, précisément, de montrer la nécessité d'organiser sur des bases scientifiques, les services d'agriculture de nos colonies.

La première tâche à accomplir est d'inventorier les ressources agricoles et forestières de ces possessions; cet inventaire, que nous poursuivons depuis 1898 en Afrique occidentale est déjà très avancé. Il est nécessaire d'en publier les résultats et de les tenir à jour. Avec une extrême bienveillance, M. Ponty, gouverneur général de l'Afrique occidentale, vient de nous donner la possibilité d'accomplir cette tâche.

Il importe, ensuite, d'introduire d'autres plantes utiles et de les soumettre à des expériences effectuées dans les jardins d'essais en vue de déterminer les variétés les plus adaptables ou celles donnant les plus gros rendements.

Il existe déjà, dans nos principales colonies, des jardins d'essais qui s'efforcent de remplir cette tâche; mais manquant le plus souvent d'une documentation technique sérieuse et n'ayant pas d'organismes qualifiés pour leur fournir cette documentation et les encourager, leurs efforts demeurent généralement stériles.

Il semble qu'un lien doit exister entre tous ces jardins d'essais.

Un programme de recherches et d'expériences d'intérêt général doit leur être imposé, et les résultats obtenus de différents côtés doivent être coordonnés et portés à la connaissance des personnes s'intéressant au développement de l'agriculture coloniale.

Quelques hommes d'État ont reconnu la nécessité de suivre ce programme méthodique pour arriver à des résultats pratiques. M. Eugène Étienne, vice-président de la Chambre, a bien voulu prendre ce programme sous son haut patronage, et, sur la proposition de M. Messimy, alors Ministre des colonies, le Parlement a voté au budget de 1911 des crédits destinés à la constitution d'une *Mission permanente d'agriculture coloniale* ayant pour but de diriger tous les travaux techniques concernant les cultures tropicales et l'exploitation des forêts de nos colonies.

Cette missson a été créée par un décret en date du 27 octobre dernier et, sur la proposition de M. Lebrun, Ministre des colonies, un second décret nous a placé à la tête de ce service.

Les travaux que nous avons poursuivis pendant de nombreuses années, avec le concours du Ministère de l'instruction publique, aussi bien que sous les auspices du Ministère des colonies et du Gouvernement général de l'Afrique occidentale française, auront ainsi contribué à préparer la réalisation de ce programme d'une utilité incontestable pour la mise en valeur de nos possessions, programme que nous nous efforcerons désormais de réaliser.

Il nous reste à énumérer méthodiquement les travaux effectués, ainsi que les documents et collections rassemblés par la mission au cours de son dernier voyage en Afrique occidentale française.

A. PRINCIPALES RECHERCHES.

1° GÉOGRAPHIE.

Exploration des régions les plus intéressantes et les moins connues de la Haute-Guinée et de la frontière libérienne.

Ascension et détermination de l'altitude du plus haut sommet de l'Afrique occidentale (montagne de Nzô, dans le massif des monts Nimba).

Exploration de la partie montagneuse de la Haute Côte d'Ivoire occidentale.

Ascension des principales hauteurs de cette région, en particulier du massif de Droupolé.

Exploration de la région forestière comprise entre le Nzi et le Comoë.

Au Dahomey, exploration des Pays Hollis et d'une partie des monts Atacora.

La Mission ayant pu transporter et utiliser, pendant sa durée, un baromètre Fortin et un baromètre holostérique altimétrique compensé (contrôlés au départ et au retour par le Bureau central météorologique), s'est livrée à 784 observations se répartissant comme suit :

242 en Guinée; 446 à la Côte d'Ivoire; 34 au Dahomey; 62 au Haut-Sénégal et Niger.

A l'aide de ces observations, M. Angot, directeur du Bureau central météorologique, a pu faire calculer les altitudes des points les plus marquants de l'A. O. F. Nous donnons plus loin le résultat de ces recherches.

Enfin, dans tous les chefs-lieux et postes où elle s'est arrêtée, la mission a calqué les itinéraires des officiers et fonctionnaires coloniaux; nous avons utilisé ces documents pour l'établissement d'une carte botanique forestière et pastorale de l'Afrique occidentale française, à l'échelle de 1/3000000.

Cette carte, presentée récemment à l'Académie des sciences, à l'état manuscrit, par le prince Roland Bonaparte, sera publiée prochainement dans *La Géographie*.

2° ÉTUDES AGRICOLES ET FORESTIÈRES.

Nous nous sommes particulièrement attaché à effectuer les plus complètes recherches sur toutes les productions végétales susceptibles d'être utilisées.

Mous avons publié diverses monographies se rapportant aux végétaux utiles ayant la plus grande importance: le kolatier, le palmier à l'huile, les bois de la Côte d'Ivoire, le maïs, etc.

Il nous reste à mettre à jour un grand nombre de notes inédites concernant les cultures vivrières indigènes, les plantes fourragères, les palmiers utiles autres que le palmier à l'huile, les autres plantes oléagineuses, le cotonnier, les essences à caoutchouc, les bois utilisables de l'Afrique occidentale française, etc.

3° ANTHROPOLOGIE ET ETHNOGRAPHIE.

La Mission a, au cours de son exploration du Kissi, recueilli des collections de statuettes en pierre et en terre cuite, ainsi que des pierres polies de la période néolithique africaine.

Chez les Dyolas de la Côte d'Ivoire, encore anthropophages, nous avons pu rassembler quelques crânes qui ont permis au docteur Poutrin, préparateur au Laboratoire d'anthropologie du Muséum, d'établir qu'on trouvait, dans la forêt ivorienne, des individus ayant des analogies avec les *Négroïdes* (Pygmées) de l'Afrique centrale.

4° HISTOIRE NATURELLE.

a. Géologie, Minéralogie. — Plusieurs caisses de roches prélevées au cours de la mission, dans les différents pays parcourus, ont été remises au Laboratoire de minéralogie du Muséum, et leur contenu a été étudié par M. le professeur A. Lacroix, de l'Institut, et par M. Henry Hubert, administrateur adjoint des colonies, chargé de missions géologiques en Afrique occidentale française.

M. Lacroix a publié, dans les comptes rendus de l'Académie des sciences, une note sur certains granits rencontrés dans les massifs montagneux de la Haute-Côte d'Ivoire et rapportés par la mission; d'autre part, M. Hubert a pu utiliser les matériaux que nous avons rapportés, pour l'établissement de la carte géologique de l'Afrique occidentale française.

b. Zoologie. — La Mission a recueilli également des collections assez nombreuses remises aux services de mammalogie, d'ornithologie, de malacologie, d'herpétologie et d'entomologie du Muséum. Ces collections sont encore à l'étude.

c. Botanique. — Enfin, nous nous sommes spécialement attaché à rassembler le plus grand nombre possible de documents, en vue de l'élaboration d'une flore de l'Afrique occidentale française.

C'est en ce but, qu'au cours de notre dernier voyage, nous avons tenu à visiter, de préférence, les régions n'ayant fait précédemment l'objet d'aucune exploration botanique.

La Mission a rapporté plus de 7,000 numéros de phanérogames, et environ 1,000 numéros de cryptogames, qui viennent s'ajouter aux nombreux matériaux déjà récoltés par nous depuis 1898, c'est-à-dire depuis une douzaine d'années de voyages botaniques presque ininterrompus.

B. TRAVAUX DÉJÀ PUBLIÉS.

Un grand nombre de manuscrits, non encore complètement à jour, restent à publier; nous espérons pouvoir achever cette tâche au cours des prochaines années.

Nous donnons, ci-après, l'énumération des publications effectuées, soit par nous, soit par plusieurs savants, à l'aide des matériaux que nous avons rapportés.

I. TRAVAUX PUBLIÉS PAR M. AUG. CHEVALIER, 1909-1911.

1. Dans la Haute Guinée française. L'agriculture et les ressources forestières, *Bull. offic. colonial*, n° 16, avril 1909, p. 481-486.

2. La région des sources du Niger, *La Géographie*, t. XIX, n° 5, 15 mai 1909, p. 337-352.

3. Les hauts plateaux du Fouta-Djalon, *Annales de Géographie*, n° 99, 15 mai 1909, p. 253-261.

4. Le Clitandra orientalis K. Schum. dans la Guinée française; coagulation de son latex, *Journ. agricult. tropic.*, n° 95, 31 mai 1909, p. 129-131.

5. Rapport sur les nouvelles recherches sur les plantes à caoutchouc de la Guinée française, *Bull. offic. colonial*, n° 18, juin 1909, p. 545-557.

6. Diagnoses plantarum Africæ. Plantes nouvelles de l'Afrique tropicale française décrites d'après les collections de M. Aug. Chevalier, *Journ. de botan.*, 2e série, t. II, 1909, n° 1, janvier 1909, p. 19-25; n° 4, avril 1909, p. 99-100, n° 5; mai 1909, p. 112-128; n° 6, juin 1909, p. 129-135.

7. Les tourbières de rochers de l'Afrique tropicale, *C. R. Acad. des Sciences*, 12 juillet 1909.

8. Dans le Nord de la Côte d'Ivoire (18 février au 7 avril 1909), *La Géographie*, t. XX, n° 1, 15 juillet 1909, p. 25-29.

9. L'extension et la régression de la forêt vierge de l'Afrique tropicale, *C. R. Acad. des Sciences*, 30 août 1909.

10. Un nouveau procédé de coagulation du latex de Funtumia elastica, *Journ. d'agricult. tropic.*, n° 98, 31 août 1909, p. 225-226.

11. Sur les Dioscorea cultivés en Afrique tropicale, et sur un cas de sélection naturelle, relatif à une espèce spontanée dans la forêt vierge, *C. R. Acad. des Sciences*, 11 octobre 1909, et *Bull. Soc. nation. acclim. de France*, mai 1910, p. 213-217.

12. Les massifs montagneux du nord-ouest de la Côte d'Ivoire, *La Géographie*, t. XX, 15 octobre 1909, p. 207-224.

13. Culture de l'Hevea en Afrique occidentale française, supplément au *Journ. offic. de l'Afr. occ. franç.* (rapports et documents), n° 20, 27 novembre 1909, p. 1-8.

14. L'Hevea en Afrique occidentale (résultats de la Côte d'Ivoire), *Journ. d'agricult. tropic.*, n° 101, 30 novembre 1909, p. 323-326.

15. Une introduction de caféiers dans la région du Haut-Niger, *Bull. Soc. nation. d'acclim. de France*, décembre 1909, p. 457-471.

16. Première étude sur les bois de la Côte d'Ivoire, *Végétaux utiles de l'Afrique tropicale française*, fasc. V, 1909, p. 1-315, et une carte.

17. Sur les Mansoniées de la forêt vierge de l'Afrique tropicale, *Bull. Muséum d'hist. natur.*, n° 8, 1909, p. 545-549.

18. Les ressources forestières de la Côte d'Ivoire (résultats de la mission scientifique de l'Afrique occidentale) : bois, caoutchouc, oléagineux, *C. R. Acad. des Sciences*, 14 février 1910.

19. Les ressources forestières de la Côte d'Ivoire (résultats de la mission scientifique de l'Afrique occidentale) : gommes et résines, divers, *C. R. Acad. des Sciences*, 7 mars 1910.

20. Nouvelles observations sur la préparation du caoutchouc Funtumia elastica, et sur son avenir à la Côte d'Ivoire, *Agr. prat. pays chauds*, n° 84, mars 1910, p. 189-201, et suppl. *Journ. offic. de l'Afriq. occ. franç.*, n° 29, 30 avril 1910, p. 1-15.

21. Notes sur le pays des Hollis, et les régions avoisinantes,

suppl. *Journ. offic. de l'Afriq. occ. franç.*, n° 30, mai 1910, p. 17-26, et *La Géographie*, t. XXI, 15 juin 1910, p. 427-433.

22. Les produits du règne végétal de l'Afrique occidentale française, *Bull. Soc. géograph. commerc. de Paris*, t. XXXII, n° 6, juin 1910, p. 361-397.

23. Sur une nouvelle légumineuse à fruits souterrains, cultivée dans le Moyen-Dahomey (Voandzeia Poissoni), *C. R. Acad. des Sciences*, 4 juillet 1910.

24. La culture du maïs en Afrique occidentale, et spécialement au Dahomey (variétés cultivées), *Journ. agricult. tropic.*, n° 110, 31 août 1910, p. 225-228; n° 111; 30 septembre 1910, p. 269-273.

25. L'exploitation du caoutchouc et la culture des plantes productrices au Dahomey, *Agricult. prat. pays chauds*, 1910 (2e sem.), p. 24-32.

26. Documents sur le palmier à l'huile, *Végét. utiles de l'Afriq. trop. franç.*, fasc. VII (1re partie), 1910, p. 1-130.

27. Documents sur le palmier à l'huile, suppl. *Journ. offic. de l'Afrique occ. franç.*, nos 37 à 41, août, septembre, octobre 1910, p. 1-130.

28. Nouveaux documents sur le Voandzeia Poissoni A. Chev. (Kerstingiella geocarpa Harms), *C. R. Acad. des Sciences*, 27 décembre 1910.

29. Le riz sauvage de l'Afrique tropicale, *Bull. Muséum d'hist. natur.*, n° 7, 1910, p. 404-408.

30. Les Parkia de l'Afrique occidentale, *Bull. Muséum d'hist. natur.*, n° 3, 1910, p. 169-174.

31. Les plantes fourragères de l'Afrique occidentale, *Journ. d'agric. tropic.*, n° 118, 30 avril 1911, p. 97-99.

32. Les kolatiers et les noix de kola (en collaboration avec E. Perrot), *Végét. utiles de l'Afriq. trop. franç.*, fasc. VI, mai 1911, p. 1-484, et deux cartes.

33. Essai d'une carte botanique, forestière et pastorale de l'Afrique occidentale française, *C. R. Acad. des Sciences*, 6 juin 1911.

34. The Rubber Problem in French Western Africa, *Reports of India Rubber Exhibition*, 1911 (extrait, p. 1-15).

35. Novitates Floræ Africanæ. Plantes nouvelles de l'Afrique occidentale française, fasc. IV, *Mémoires Soc. Bot. de France*, 1912 (sous presse).

36. Énumération des plantes cultivées par les indigènes en Afrique tropicale, et des espèces naturalisées dans le même pays et ayant probablement été cultivées à une époque plus ou moins reculée, *Soc. nation. d'acclim. de France*, 1912 (sous presse).

II. Travaux divers entrepris à 'laide des collections et documents rapportés par M. Aug. Chevalier.

Lacroix. Sur l'existence, à la Côte d'Ivoire, d'une série pétrographique comparable à celle de la Charnockite, *C. R. Acad. des Sciences*, t. CL, 3 janvier 1910, p. 18.

Labroy (O.). Note sur les Heveas cultivés en Afrique occidentale, d'après A. Chevalier et le colonel Prain, *Journ. agricult. tropic.*, n° 7, 31 mai 1910, p. 129-131.

Courtet. Les bois de la Côte d'Ivoire et leur utilisation industrielle, *Agricult. pays chauds*, 1910 (1er sem.), p. 451-472.

Crété. Le Nété et quelques autres Parkia de l'Afrique occidentale, *Thèse*, 1910, p. 1-168.

Guillaumin (A.). Recherches sur la structure et le développement des Burséracées. Application à la systématique, *Thèse*, 1910, p. 1-301.

Baillaud (Em.). L'exploitation du palmier à l'huile et les travaux de A. Chevalier et E. Poisson, *Journ. d'agricult. trop.*, n° 114, 31 décembre 1910, p. 353-356.

Hébert. Sur la graisse de Karité, *Journal Mat. grasses*, mars 1911, et *Bull. Soc. chimie*, 4e sér., t. IX, p. 959.

Hébert. Étude chimique des huiles extraites des diverses variétés de palmier à l'huile, *Journal Mat. grasses*, mars 1911, et *Bull. Soc. chimie*, 4e sér., t. IX, 20 décembre 1911.

Hébert. Sur la composition des diverses graisses oléagineuses de l'Afrique occidentale française, *Journal Mat. grasses*, mars-avril-mai 1911, et *Bull. Soc. chimie*, 4e sér. t. IX, p. 1-662.

Guillaumin. Nouveaux documents sur les Canarium africains in H. Lecomte, *Notul. systematic.*, t. II, fasc. II, juin 1911, p. 31-37.

Hubert (H.). État actuel de nos connaissances sur la géologie de l'Afrique occidentale, Paris, Larose, 1911.

Veuillez agréer, Monsieur le Ministre, l'expression de mon profond respect.

APPENDICE I.

RECHERCHES SUR LES ARBRES

DE LA FORÊT VIERGE DE LA CÔTE D'IVOIRE

ET SUR L'UTILISATION DE LEUR BOIS.

Au cours de nos missions à la Côte d'Ivoire en 1906-1907 et en 1910, nous avons cherché à recenser les essences forestières qui entrent dans la composition de la forêt vierge de ce pays. Environ 400 espèces d'arbres ont été observées. Toutes ces espèces ne sont pas encore décrites et un certain nombre ne sont pas encore scientifiquement déterminées. Nous avons déjà publié des renseignements sur environ 200 de ces espèces [1].

Des études récentes nous ont amené à modifier la nomenclature de quelques-unes des espèces que nous avions antérieurement signalées. Il nous a donc semblé qu'il serait utile d'exposer l'état actuel de nos connaissances sur cette question, connaissances qui seront présentées plus en détail dans une *Flore forestière de l'Afrique occidentale française* actuellement en préparation, flore qui renferme environ 1,500 végétaux ligneux.

INDEX

DES ARBRES LES PLUS REMARQUABLES

DE LA FORÊT DE LA CÔTE D'IVOIRE.

ANACARDIACÉES.

ANTROCARYON MICRASTER A. Chev. et Guillaumin, *Novit.*, IV (= *Clozella* pour *Clozelia* A. Chev. *in* Courtet, *Bois de la Côte d'Ivoire*, *Agr. pratiq. pays chauds*, 1910, 1er sem., p. 463).

A 1. — D. = 0,508. Menuiserie apparente.

Noms vernac. : *Hékio* (agni); *Haddo*, *Adon* (attié); *Akoua* (abé).

(1) A. CHEVALIER, *Vég. ut. Afr. trop.*, fasc. V (1909) : Première étude sur les Bois de la Côte d'Ivoire; Novit. flor. Afric. in *Mém. Soc. Bot. France*, 1911 mémoire 8, 4e fascicule. Voir aussi le travail de notre collaborateur, H. COURTET, Les Bois de la Côte d'Ivoire, *Agr. Pays chauds*, 1910, 1er sem.

Lannea acidissima A. Chev., *Vég. ut.*, V, p. 114.

A 2. — D. = 0,601.

Noms vernac. : *Ngolo ngoloti* (abé); *Durgo, Durako, Durko* (bondoukou); *Tchiko* (attié); *Kakoro* (fanti); *Boré poré, Barakoré* (agni).

Lannea sp.

A 2. — D. = 0,724.

Noms vernac. : *Bembé* (bambara); *Ebruké* (attié).

Sorindeia deliciosa A. Chev. = *Hæmatostaphis Barteri* A. Chev., *Vég. ut.*, V, p. 113 (non Hook. f.).

A 2. — D. = 0,881.

Noms vernac. : *Vi* (abé); *Esanhé, Esangué* (attié).

Spondias lutea L. = *Spondias aurantiaca* Schum. et Thonn.

A 2. — D. = 0,438.

Noms vernac. : *Ningo* (bambara); *Ngua* (abé); *Haperrié* (mbonoi); *Nton* (dyola); *Sokoro tounouma* (baoulé).

Trichoscypha mannioides A. Chev. Mss. (= *Emiliomarcelia mannioides* A. Chev. Mss.).

A 2.

Nom vernac. : *Daû* (abé).

ANONACÉES.

Cleistopholis patens (Benth.) Engl. et Diels = *Oxymitra patens* Benth

A 2. — D. = 0,29.

Noms vernac. : *Eutié* (agni); *Bofu* (fanti); *Kotopuan* (attié); *Nzosien* (baoulé).

Enantia chlorantha Oliv.

A 3. — D. = 0,576. Employé par les Abés pour teindre les tissus de coton et de raphia en couleur garance.

Noms vernac. : *Mbawë* (abé); *Esüro* (attié).

Hexalobus crispiflorus A. Rich. = *Hexalobus grandiflorus* (Benth.) Oliv.

A 1.

Nom vernac. : *Amaka* (agni).

MONODORA MYRISTICA (Gaertn.) Dun. = *Anona myristica* Gaertn. = *Monodora myristica* Dun. = *Xylopia undulata* Pal. Beauv. = *Monodora borealis* Scott Elliot.

A 1. — D. = 0,517.

Noms vernac. : *Efuen* (agni); *Mbong* (attié); *Hané* (ébrié.)

PACHYPODANTHIUM STAUDTII Engl. et Diels = *Uvaria Staudtii* Engl. et Diels.

A 2. — D. = 0,837.

Noms vernac. : *Anokuiti* (abé); *Adouaneya* (ébrié).

STENANTHERA HAMATA (Benth.) Engl. et Diels = *Oxymitra hamata* Benth.

A 2.

Noms vernac. : *T'sainfi* (attié); *Surua* (agni).

XYLOPIA ÆTHIOPICA A. Rich. = *Unona æthiopica* Dun. = *Uvaria æthiopica* Guill. et Perr. = *Habzelia æthiopica* A. DC. = *Xylopia undulata* Pal. Beauv.

A 2. — D. = 0,323.

Noms vernac. : *Fondé* (attié); *Efomou* (agni); *Powie d'Éthiopie* (colons); *Ndiar* (wolof); *Achi* (baoulé); *Kanifing* (dioula); (fruit) *Modo* (abé); (arbre) *Hélo* (abé).

XYLOPIA PARVIFLORA (Guill. et Perr.) Vallot = *Uvaria parviflora* Guill. et Perr. = *Cœlocline parviflora* A. DC. = *Xylopia longipetala* de Wild. et Th. Durand = *Xylopia acutiflora* Benth.

A 2. — D. = 0,889.

APOCYNÉES.

ALSTONIA CONGENSIS Engl.

A 1. — D. = 0,391. Pourrait être utilisé en ébénisterie.

Noms vernac. : *Lerué, Leroï* (bondoukou); *Emien* (agni); *Kokué* (attié); *Ongué* (abé); *Tété-tété* (bériby).

CONOPHARYNGIA CRASSA (Benth), Stapf = *Conopharyngia jollyana* Pierre in Stapf.

A 3. — D. = 0,636.

Noms vernac. : *Akotompo*, *Atsim* (fanti); *Pakié-pakié*, *Knakié-kuakié* (agni); *Chocha* (attié), *Apùkur* (mbonoi); *Béré* = *Bouré tou* (plapo, langue de Bériby).

FUNTUMIA AFRICANA Stapf = *Kickxia africana* Stapf.

A 2. — D. = 0,488. Les indigènes emploient son bois pour faire des calebasses, plats, etc.

Noms vernac. : *Pésin* (attié); *Pri* (attié de la lagune Potou). *Manan* (= caoutchouc), *Wala* (bondoukou); *Ekain* (anno).

FUNTUMIA ELASTICA Stapf. = *Kickxia elastica* Stapf.

A 2. — D. = 0,467.

Noms vernac. : *Efurumundu* (agni); *Ofuntum* (apollonien); *Péchi* (attié); *Pò yu dua* (fanti); *Twi* (négau); *Uruba su* (bété); *Bébéti* (moyen Cavally); *Dorosé popülü* (plapo); *Abonzouré* (baoulé); *Bébéti* (bakoua); *Dougou mosué* (bété de Guidéko).

PICRALIMA ELLIOTII Stapf = *Polyadoa Elliotii* Stapf.

A 3. — D. = 0,91. Les indigènes emploient son bois pour faire des peignes.

Noms vernac. : *Hainfain* (attié); *Kakana* (agni); *Dipérétou* (grabo).

RAUWOLFIA VOMITORIA Afzel.

A 3. — D. = 0,361.

Noms vernac. : *Gonguonkiur* (mbonoi); *Embi-siembi* (agni).

BIGNONIACÉES.

MARKHAMIA LUTEA K. Schum.

A 2.

Nom vernac. : *Dombo* (agni).

SPATHODEA CAMPANULATA Pal. Beauv.

A 1. — D. = 0,363. Son bois, blanc, peut probablement être employé pour la fabrication de la pâte à papier.

Noms vernac. : *Kokomayur* (mbonoi); *Tulipier du Gabon* (colons); *Gouoro* (abé); *Nkokion* (attié); *Dombo* (baoulé nord); *Sisèn* (baoulé de Toumodi).

STEREOSPERMUM ACUMINATISSIMUM K. Schum.

A 1. — D. = 0,77. Bois ayant la couleur et le grain du noyer. Pourrait être employé en ébénisterie.

Nom vernac. : *Kourima* (agni).

BORRAGINÉES.

CORDIA PLATYPHYLLA Steudt.

A 1. — D. = 0,39. Menuiserie apparente, carrosserie.

Noms vernac. : *Héhouné* (agni); *Bon* (attié).

BURSERACÉES.

CANARIUM OCCIDENTALE A. Chev., *Vég. ut.*, V, p. 145.

A 1. — D. = 0,625.

Noms vernac. : *Ségna* (attié); *Yatu* (plapo); *Krendja Haigüe* (agni); *Okumé de la Côte d'Ivoire* (colons); *Sanan mana* (bambara dioula); *Bédounouan* (achanti); *Kanangouri* (baoulé); *Boundeni* (agni du Morénou); *Akoua* (abé); *Adon* (attié).

BIXACÉES.

SCOTELLIA CORIACEA A. Chev., *Vég. ut.*, V, p. 147.

A 2. — D. = 0,713.

Noms vernac. : *Bakaza* (attié); *Aburuhi* (fanti).

SCOTELLIA KAMERUNENSIS Gilg.

A 2. — D. = 0,658.

Noms vernac. : *Eddé* (mbonoi); *Akosica* (abé).

SCOTELLIA sp.

A 2. — D. = 0,730.

CAPPARIDÉES.

BUCHOLZIA MACROPHYLLA Engl.

A 2. — D. = 0,577.

Noms vernac. : *Amizi* (agni); *Mon* (attié); *Akolompo* (fanti); *Dô* (trépo).

CHAILLETIACÉES.

CHAILLETIA TOXICARIA G. Don = *Dichapetalum toxicarium* Engler.

A 2.

Nom vernac. : *Sonrié* (agni).

COMBRETACÉES.

ANOGEISSUS sp.

A 2. — D. = 0,781.

Noms vernac. : *Krékété* (bambara); *Kakaléka* (bondoukou).

TERMINALIA ALTISSIMA A. Chev., *Vég. ut.*, V, p. 151.

A 1. — D. = 0,69. Son bois peut remplacer le chêne de Hongrie, très employé dans l'industrie.

Noms vernac. : *Fram* (bondoukou); *Pé* (abé), *Fraké* (agni); *Baie* (dyola, environs de Man); *Efara* (agni).

TERMINALIA IVORENSIS A. Chev., *Vég. ut.*, V, p. 152.

A 2. — D. = 0,641. Pourrait être utilisé en ébénisterie comme bois de fantaisie et servir aussi pour faire des plafonds de voiture de chemin de fer.

Noms vernac. : *Caüri* (mbonoi); *Mboti* (attié); *Anhidja* (bondoukou); *Framiré* (agni); *Buna* (attié); *Féla* (bambara du Sud); *Satined wood* (anglais); *Bois satiné* (colons); *Ouré*, *Ourein* (dyola); *Faramiré* (indénié, agni).

TERMINALIA CATAPPA L.

A 2. Introduit depuis quelques années à la Côte d'Ivoire et planté en diverses villes du littoral.

STREPHONEMA MIRABILIS A. Chev.

A 2. — D. = 0,838.

Noms vernac. : *Guagua* (mbonoi); *Torocüim Yacuru* (ébrié); *Wakiü* (adioukrou); *Faux kolatier* (colons).

DIPTÉROCARPÉES.

LOPHIRA PROCERA A. Chev., *Vég. ut.*, V, p. 154.

A 1. — D. = 1,14. A la Côte d'Ivoire on emploie son bois à faire des charpentes qui sont imputrescibles.

Noms vernac. : *Nokué* (attié); *Esoré* (agni).

EBÉNACÉES.

DIOSPYROS SANZA-MINIKA A. Chev., *Vég. ut.*, V, p. 155.

A 2. — D. = 0,973. Bois de résistance. Matériel roulant et travaux de chemin de fer.

Noms vernac. : *Sanza Minika*, *Asun-séka* (agni); *Nguobi* (attié); *Kusibira* (attié).

EUPHORBIACÉES.

BRIDELIA SPECIOSA Müll. Arg.

A 3. — D. = 0,577.

Nom vernac. : *Chikué* (attié).

CICCA DISCOIDEUS Bn.

A 3. — D. = 0,672.

Noms vernac. : *Baka baka* (agni); *Kouékouésia* (agni du Morénou); *Mussa ncué* (abé); *Adjansé* (mbonoi).

DISCOGLYPHREMNA CALONEURA Prain.

A 3.

Nom vernac. : *Peté fré* (agni du Morénou).

HASSKARLIA DIDYMOSTEMON H. Bn.

A 3. — D. = 0,548. Pourrait être utilisé pour remplacer le tulipier comme contre-placage.

Noms vernac. : *Echirua* (agni); *Nguépé* (attié).

MACARANGA HEUDELOTII H. Bn.

A 3. — D. = 0,477.

Noms vernac. : *Abo* (attié); *Ekua* (agni); *Eson* (fanti).

MAESOBOTRYA SPARSIFLORA (Scott Elliot) Hutchinson = *Baccaurea Bonnetii* Beille, *Nov. flor. afric.* II, p. 58, et Aug. Chevalier, *Veg. ut.*, *Afr. trop.*, V, p. 158.

A 3.

Noms vernac. : *Habizacüé* (attié); *Kuatiécualié* (agni); *Boubanon* (tépo); *Kokobri* (adioukrou); *Kopié* (ébrié).

MEGABARIA UGANDENSIS (Stapf) Hutchinson.

A 2. — D. = 0,683.

Nom vernac. : *Kianga* (mbonoi).

OLDFIELDIA AFRICANA Benth. et Hook.

A 1. — D. = 0,951.

Noms vernac. : *Fu* (attié); *Etui* (agni); *African teak* (anglais).

PROTOMEGABARIA STAPFIANA (Beille) Hutchinson.

A 2. — D. = 0,651.

Noms vernac. : *Sénan* (attié); *Emuinquim* (fanti); *Assa boguie* (agni).

RICINODENDRON AFRICANUS Müll. Arg. = *Ricinodendron Heudelotii* Bn.

A 2. — D. = 0,327. Bois très léger pouvant être employé pour la fabrication de la pâte à papier. Les graines fournissent une graisse alimentaire.

Noms vernac. : *Poposi* (ébrié et mbonoi); *Hého* (abé); *Haipi* (agni, bondoukou); *Hobo, Hapi* (abé); *Nbob* (adioukrou); *Tsain* (attié); *Sosaii* (fanti); *Akoyoba* (Jacqueville); *Akui, Akwi* (baoulé).

SAPIUM ELLIPTICUM (Hochst.) Pax = *Sapium Mannianum* Benth.

A 1. — D. = 0,516.

Noms vernac. : *Bonyuromé* (mbonoi); *Agüaya* (ébrié); *Tata iro* (bondoukou).

UAPACA BENGUELLENSIS Mull. Arg.

A 1. — D. = 0,689. Inutilisable en ébénisterie, mais très propre pour la menuiserie pour remplacer le chêne.

Noms vernac. : *Sannaba* (mbonoi); *Rikhio* (abé); *Cosomon* (bambara); *Niondobi* (bondoukou); *Chêne d'Afrique* (colons); *Allébié* (abé).

UAPACA BINGERVILLENSIS Beille.

A 1. — D. = 0,752. Ce bois pourrait être employé en menuiserie comme succédané du chêne.

Noms vernac. : *Rikhio* (abé); *Kaho* (bondoukou); *Na* (attié); *Elékhua* (agni); *Orobo* (mbonoi).

GUTTIFÈRES OU CLUSIACÉES.

Allamblackia parviflora A. Chev., *Vég. ut. Afr. trop.*, V, p. 163.

A 2. — D. = 0,697. Les graines fournissent une matière grasse alimentaire.

Noms vernac. : *Wohotélimon* (abé); *Wotobé, Ewotébo* (mbonoi); *Alabenum* (agni); *Akamasé* (fanti); *Bissaboko* (attié).

Garcinia antidysenterica A. Chev., *Vég. ut. Afr. trop.*, VI, 1911, p. 445.

A 2.

Noms vernac. : *Gon* (dyola); *Kollopello* (kissi); *Koouro* (malinké).

Garcinia polyantha Oliv.

A 2. — D. = 0,888.

Nom vernac. : *Mamié kini* (agni).

Ochrocarpus africanus Oliv. = *Mammea africana* G. Don.

A 1. — D. = 0,721. Trop lourd et trop dur pour l'ébénisterie, mais peut être employé en menuiserie, matériel roulant et traverses de chemin de fer.

Noms vernac. : *Quélipe, kélipe* (bondoukou); *Abricotier d'Afrique* (colons); *Bogonatou* ou *Mabouron* du Gabon.

Ochrocarpus microcarpus A. Chev.

A 2.

Pentadesma leucantha A. Chev., *Vég. ut. Afr. trop.*, V, p. 166.

A 2. — D. = 0,85. Ce bois ressemble au green-hearth, intéressant si les tarets ne le piquent pas.

Noms vernac. : *Piché aboko* (attié); *Allahbanama* (agni).

Symphonia globulifera L. f. var. *gabonensis* (Pierre) Vesque.

A 1. — D. = 0,519. Très beau bois pouvant être employé en menuiserie et en ébénisterie.

Nom vernac, : *Arquané* (mbonoi).

HUMIRIACÉES.

Saccoglotis gabonensis Urban = *Aubrya gabonensis* H. Bn.

A 2. — D. = 0,955.

Noms vernac. : *Amuan* (fanti); *Akuapo* (abé).

HYPÉRICINÉES.

Haronga madagascariensis Choisy.

A 3.

IRVINGIACÉES.

Irvingia tenuifolia Hook. f.

A 1. — D. = 1,09. Matériel roulant et travaux de chemin de fer.

Klainedoxa gabonensis Pierre.

A 1. — D. = 1,089. Bois de résistance. Parquets, plates-formes de wagon, etc.

Noms vernac. : *Akwabu* (mbonoi); *Lubigniati* (adioukrou).

LAURINÉES.

Tylostemon sp. = *Afrodaphne* sp.

A 2. — D. = 0,785.

Noms vernac. : *Arombo* (mbonoi); *Amasohan* (attié); *Odum* (fanti).

LÉGUMINEUSES.

Afzelia africana Smith.

A 1. — D. = 0,906. Ébénisterie, menuiserie apparente.

Nom vernac. : *Horovia* (agni).

Afzelia microcarpa A. Chev., *Veg. ut. Afr. trop.*, V, p. 172.

A 1. — D. = 0,672.

Nom vernac. : *Asémigniri* (mbonoi).

ALBIZZIA BROWNEI Walp. = *Inga Zygia* DC. = *Albizzia rhombifolia* A. Chev., *Veg. ut.*, V, p. 171. (non Benth.).

A 2. — D. = 0,713.

Noms vernac. : *Ouosi* (abé); *Kué* (attié); *Kuré* (agni); *Pranpran* (fanti).

ALBIZZIA FASTIGIATA E. Meyer = *Mimosa adianthifola* Schum. et Thonn.

A 2. — D. = 0,625.

Noms vernac. : *San* (attié); *Kuanguan* (agni); *Piampan* (fanti).

ALBIZZIA FERRUGINEA Benth. *Inga ferruginea* G. et P. = *Albizzia malacophylla* Walp.

A 2. — D. = 0,589.

ALBIZZIA? GIGANTEA A. Chev., *Vég. ut. Afr. trop.*, V, p. 171.

A 1. — D. = 0,598. Beau bois rappelant un peu le chêne.

Noms vernac. : *Turo dugo, Bossolo* (bondoukou).

BAPHIA NITIDA Afzel = *Podalyria hæmatoxylon* Schum. et Thonn. = *Carpolobia versicolor* G. Don.

A 2. — D. = 0,981. Peut être employé pour la fabrication des moyeux. Après un séjour prolongé dans l'eau ou dans la terre, le bois prend une couleur d'un rouge brun. Sous cet aspect il a été longtemps exporté comme bois de campêche.

Noms vernac. : *Ekuro* (fanti); *Tré* (attié); *Camwood* (anglais); *Esémé* (mbonoi); *Essin* (agni).

BERLINIA ACUMINATA Soland.

A 2. — D. = 0,67.

Noms vernac. : *Béguan* (attié); *Guéguiro* Wa baka? (agni).

BERLINIA sp.

A 2. — D. = 0,707. Pourrait être utilisé en ébénisterie, ressemble à l'acajou, appelé par certains marchands de bois *Acajou du Tosan*.

BURKÆA? MACROCARPA A. Chev. in Courtet, Les bois de la Côte d'Ivoire, *Agric. prat. pays chauds*, 1er semestre 1910, p. 466.

A 2. — D. = 0,90. Travaux divers de grande résistance.

Noms vernac. : *Homaidé* (agni). La plante signalée sous ce nom n'est certainement pas un *Burkæa*.

Calpocalyx macrostachys Harms.

A 2. — D. = 0,844.

Noms vernac. : *Kuapa* (agni); *Béréguan* (attié); *Papa* (fanti).

Copaïfera Guibourtiana Benth.

A 1.

Nom vernac. : *Hégué, Ahié* (morénou et indénié).

Cynometra Mannii Oliv.

A 2.

Cynometra Vogelii Hook. f.

A 2. — D. = 0,997.

Noms vernac. : *Tiupé* (attié); *Patapara* (agni); *Kuikesia* (attié).

Daniella oblonga Oliv.

A 1. — D. = 0,521. Pourrait être employé en menuiserie.

Noms vernac. : *Frakuan* (attié); *Kuangua* (agni).

Detarium Heudelotianum H. Bn.

A 1.

Dialium Dinklagei Harms.

A 2. — D. = 0,807. Le cœur n'est pas assez foncé pour remplacer l'ébène.

Dialium guineense Willd.

A 2. — D. = 1,015.

Noms vernac. : *Warié* (agni); *Fe* (attié).

Erythrophlæum guineense G. Don = *Fillæa suaveolens* G. et P.

A 1. — D. = 0,821. Peut être employé pour la fabrication des moyeux, à cause de ses fibres très tourmentées. On utilise ce bois à Conakry (Guinée française) pour faire des meubles de fantaisie.

Noms vernac. : *Aronhé* (mbonoi); *Téli* (bambara); *Erüi* (agni).

Erythrophlæum ivorense A. Chev., *Vég. ut. Afr. trop.*, V, p. 178.

A 1. — D. = 0,901. Ressemble au *bois de Lim* de l'Annam. Beaucoup trop dur pour être travaillé, fibres très tourmentées. Bois genre *fougère*. Peut être employé pour la fabrication des moyeux.

Noms vernac. : *Améréré* (agni); *Gué* (ébrié); *Aghio* (abé).

Erythrophlæum purpurascens A. Chev. = *Piptadenia Chevalieri* A. Chev., *Vég. ut. Afr. trop.*, V, p. 183 (non Harms).

A 2. — D. = 0,522.

Nom vernac. : *Lô* (attié).

Lonchocarpus sericeus H. B. K. = *Robinia sericea* Poir. = *R. violacea* Beauv. = *R. argentiflora* Schum. et Thonn.

A 2. — D. = 0,973. Très joli bois, rappelant le *Gaïac*, pourrait s'employer pour faire les coussins des voitures automobiles et des chemins de fer. Très intéressant parce que les dessins sont très tourmentés. Pris d'une certaine façon, on pourrait l'essayer pour faire le dessin en *fougère*.

Noms vernac. : *Ekopa* (agni); *Akuosi* Amba (fanti); *Houokué* (abé); *Acacia du Gabon* (colons).

Macrolobium Palisoti Benth.

A 2. — D. = 0,781. Ce bois peut fort bien passer pour du Palissandre de Madagascar; il ressemble aussi beaucoup au *Chêne tigre* de la Nouvelle-Calédonie. Peut être utilisé en ébénisterie.

Noms vernac. : *Palissandre d'Afrique* (colons).

Milletia? sp. an Ormosia? sp.

A 1. — D. = 0,792.

Noms vernac. : *Ekimi* (mbonoi); *Bakahéhessi* (agni); *Vandakūc* (attié).

Parkia agboensis A. Chev. *Vég. ut. Afr. trop.*, V, p. 181.

A 1. — D. = 0,466.

Noms vernac. : *Asamä* (mbonoi); *Lo* (abé); *Dogo* (bondoukou); *Habé* (ébrié).

Pentaclethra macrophylla Benth.

A 2. — D. = 0,528. Pourrait être utilisé en ébénisterie comme bois fantaisie, est déjà exporté du Congo sous le nom de *Bois jaune du Gabon*, « Acacia du Congo ». Pourrait être employé dans la construction des voitures de chemin de fer.

Nom vernac. : *Owala* (gabonais).

Piptadenia Africana Hook F.

A 1. — D. = 0,529. Bois ayant de l'analogie avec le chêne.

Noms vernac. : *Nainvi* (bondoukou); *Kuangua iniama* (agni); *G'Bon* (attié); *Héhé* (abé); *Habé* (ébrié).

Pterocarpus esculentus Schum. et Thonn.

A 2. — D. = 0,509.

Noms vernac. : *Assihaoto* (agni); *Totohoté* (attié).

Tetrapleura Thonningii Benth. = *Adenanthera tetraptera* Schum. et Thonn.

A 2. — D. = 0,536. Pourrait probablement être utilisé comme imitation de placage de chêne, pour l'intérieur des meubles. Il faudrait alors qu'il ait au moins 0 m. 50 d'équarrissage et que le prix n'en soit pas trop élevé.

Xylia Evansii Hutchinson.

A 2.

LILIACÉES.

Dracæna Perrottetii Baker.

A 2. — D. = 0,243.

Noms vernac. : *Nkiébé* (mbonoi); *Adjondé* (ébrié); *Mani* (adioukrou).

LINÉES.

Phyllocosmus africanus Klotsch.

A 2. — D. = 1,038.

LOGANIACÉES.

Anthocleista nobilis G. Don.

A 2. — D. = 0,365. Peut être employé pour la fabrication de la pâte à papier.

Noms vernac. : *Buro-buro* (mbonoi); *Bourou-bourou* (abé); *Anongoué* (attié); *Dolo* (agni).

MALVACÉES.

BOMBAX BUONOPOZENSE Pal. Beauv.

A 1. — D. = 0,483.

Noms vernac. : *Hangono* (agni); *Gnouon* (attié).

BOMBAX BUONOPOZENSE Pal. Beauv. var. CRISTATA A. Chev., *Veg. ut. Afr. trop.*, V, p. 187.

A 1.

ERIODENCRON GUINEENSE Schum. et Thonn.

A 1. — D. = 0,281.

Noms vernac. : *Tonko* (bondoukou); *Nguiéhié* (attié); *Egua* (agni) *Cotton-tree* (anglais); *Fromager* (colons).

MELASTOMACÉES.

MEMECYLON POLYANTHEMOS Hook F.

A 3. — D. = 1,029.

Noms vernac. : *Taisin* (attié); *Tai* (agni).

MÉLIACÉES.

TURRÆANTHUS AFRICANA (Welw.) Pellegrin = *Bingenia africana* (Welw.) A. Chev., *Vég. ut. Afr. trop.*, V, p. 189. = *Guarea africana* Welw., C. DC.

A 2. — D. = 0,588. Menuiserie.

Noms vernac. : *Hagué* (agni); *Hakué* (ébrié); *Agoué* (abé et ébrié).

CARAPA MICROCARPA A. Chev., *Vég. ut. Afr. trop.*, V, p. 191.

A 2. — D. = 0,843.

Noms vernac. : *Kobi* (bambara); *Dona* (abé); *Kulipia* (bondoukou).

CARAPA VELUTINA C. DC.

A 2. — D. = 0,822. Pourrait être utilisé comme acajou, quoique étant de petite dimension pour être exploité.

Noms vernac. : *Sorowa* (agni); *Bibi abé* (attié); *Akumassé* (fanti).

Ekebergia indeniensis A. Chev. = *Charia indeniensis* A. Chev., *Vég. ut Afr. trop.*, V, p. 194.

A 2. — D. = 0,750.

Nom vernac. : *Zacoba* (agni, attié).

Entandrophragma ferruginea A. Chev., *Vég. ut. Afr. trop.*, V, p. 195

A 1. — D. = 0,547. Pourrait être employé en menuiserie, mais non en ébénisterie. Trop léger pour être substitué au Teck.

Noms vernac. : *Lokobo* (attié). Ne pas confondre avec *Lokobua* qui est le nom du Khaya, *Tiama-tiama* (agni).

Entandrophragma macrophylla A. Chev., *Vég. ut. Afr. trop.*, V, p. 196.

A 1. — D. = 0,509. Le bois peut être vendu comme acajou; il est même parfois plus beau que le bois de *Khaya ivorensis*. On lui reproche seulement d'avoir une couleur éteinte. Certaines billes comme dans les *Khaya* sont *frisées* ou *figurées*.

Noms vernac. : *Tiama-tiama* (apollonien); *Lokoba* (attié); *Baka-biringui* (abé), mot à mot : *le roi de la forêt.*

Entandrophragma rufa A. Chev., *Vég. ut. Afr. trop.*, V, p. 201.

A 1. — D. = 0,844. Très beau bois pouvant remplacer le Teck dans beaucoup d'industries (constructions, carrosseries, etc.). Ne peut être substitué à l'acajou dans l'industrie.

Noms vernac. : *Makua* (mbonoi?); *Kaigüigo* (bondoukou); *Cédrat* (colons).

Entandrophragma septentrionalis A. Chev., *Vég. ut. Afr. trop.*, V, p. 205.

A 1. — D. = 0,526. Beau bois pouvant être substitué à l'acajou. Quelques billes sont parfois embarquées à la côte d'Afrique; si elles sont figurées, elles peuvent même atteindre une valeur supérieure à l'acajou de *Khaya*.

Noms vernac. : *Keïwgo* (bondoukou); nom donné aussi aux *Khaya*. *Baka biringui* (abé); *Tiama-tiama* (apollonien); *Acajou frisé* (colons).

Entandrophragma sp.

A 1. — D. = 0,618. Bois trop dense pour être employé en ébénisterie, mais peut vraisemblablement être substitué au *Teck*, si les arbres adultes atteignent des dimensions suffisantes.

KHAYA AGBOENSIS A. Chev.

A 1.

Noms vernac. : *Eckouhié* (abé); *Acajou blanc* (colons).

KHAYA IVORENSIS A. Chev., *Vég. ut.*, V, p. 207.

A 1. — D. = 0,537. Acajou d'Afrique. Très beau bois pour l'ébénisterie.

Noms vernac. : *Dukuma-Dugura* (agni); *Dubiri* (apollonien); *Lokobua* (attié); *Biribu* (bariba); *Humpé* (ébrié); *Ekuié, Ecguéhié* (abé); *Kéguiho* (bondoukou); Acajou d'Afrique.

TRICHILIA ACUTIFOLIOLATA A. Chev., *Vég. ut.*, V, p. 213.

A 2. — D. = 0,747. Trop lourd et trop dense pour l'ébénisterie, pas assez dur et trop poreux pour l'outillage en bois.

TRICHILIA CANDOLLEI A. Chev., *Vég. ut.*, V, p. 216.

A 2. — D. = 0,568.

Noms vernac. : *Fé* (attié); *Ténuba, Tanuba* (agni); *Tanua* (indénié).

TRICHILIA CEDRATA A. Chev., *Vég. ut.*, V, p. 214.

A 1. — D. = 0,603. Bois un peu pâle pour être vendu pour de l'acajou. Trouverait cependant son emploi en ébénisterie. Son odeur de bois de cèdre pourrait le faire rechercher pour la fabrication de certains meubles de fantaisie.

Serait aussi apprécié en carrosserie et dans la construction des voitures de chemins de fer. Les marchands de bois le cotent comme intermédiaire entre l'acajou et l'okoumé.

Noms vernac. : *Mbossé* (agni); *Mbossa* (apollonien); *Anokué* (mbonoi); *Nguanahé* (abé); *Cèdre d'Afrique* (colons); *Santal d'Afrique* (quelques colons).

TRICHILIA LANATA A. Chev.

A 3. — D. = 0,643.

Noms vernac. : *Sankoromé, Sanromé* (mbonoi).

MYRISTICACÉES.

CÆLOCARYUM OXYCARPUM Stapf.

A 2. — D. = 0,391. Peut être employé pour l'ébénisterie.

Noms vernac. : *Kiukona-won* (mbonoi).

NAPOLEONA IMPERIALIS Pal. Beauv.

A 3.

PYCNANTHUS KOMBO Warb.

A 1. — D. = 0,473. Peut être employé en menuiserie et pourrai probablement être substitué au noyer dans certains usages.

Noms vernac. : *Hétéré* (bondoukou); *Edua* (apollonien); *Wa lél* (abé); *Etama* (agni); *Anaküé* (mbonoi).

MYRTACÉES.

EUGENIA (SYZYGIUM) ROWLANDII Sprague.

A 2. — D. = 0,711.

Noms vernac. : *Asafra, Esafra* (mbonoi).

PETERSIA VIRIDIFLORA A. Chev., *Vég. ut.*, V, p. 301 = *Combretodendro viridiflora* A. Chev., *Vég. ut.*, V, p. 150.

A 2. — D. = 0,741. Trop lourd et trop dur, ne saurait passer pou de l'acajou, pas assez dur et trop poreux pour l'outillage en bois.

Noms vernac. : *Kati* (abé); *Esivé* (mbonoi).

OLACINÉES.

COULA EDULIS H. Bn.

A 2. — D. = 1,097.

Noms vernac. : *Bogüé* (agni); *Atsan* (attié); *Akion* (ébrié).

LEPTAULUS DAPHNOIDES Benth.

A 3. — D. = 0,829.

Noms vernac. : *Eborodumuen* (agni); *Parandédi* (attié).

OCTOCNEMA AFFINIS Pierre.

A 3. — D. = 0,696.

Nom vernac. : *M'Guangua* (attié).

ONGOKEA KLAINEANA Pierre = *Ongokea Gore* Engl.

A 1. — D. = 0,789. Menuiserie apparente, tournage.

Nom vernac. : *Só* (abé).

Rhaptopetalum Tieghemi A. Chev.

A 2. — D. = 0,847.

Noms vernac. : *Moropié* (adioukrou); *Djo arbi* (mbonoi); *Mosangu* (attié).

Strombosia pustulata Oliv.

A 2. — D. = 0,778.

Noms vernac. : *Patabua* (bondoukou); *M'Pohé, Poïé* (abé) ; *Fognian* (mbonoi).

Ptychopetalum sp. probablement *Leptaulinia* Engler et voisin de *Leptaulinia grandifolia* Engl. ?

A 3. — D. = 0,843.

Noms vernac. : *Motékioro* (abé); *Haisan* (mbonoi); *Ncalfué* (attié); *Kiangua* (agni).

OLÉACÉES.

Linociera Mannii Solereder.

A 3.

Noms vernac. : *Akorüé* (indénié); *Agua egbua* (agni); *Akodiombi, Zakuébiombi* (attié); *Akokotsua* (fanti).

Schrebera arborea A. Chev., *Novit. flor. Afr.*, IV, 1912.

A 2. — D. = 0,770. Ébénisterie de matériel roulant, moulure, tournage.

Nom vernac. : *Boro* (agni).

PALMIERS.

Borassus flabellifer L. var. æthiopum Warb. = *Borassus flabelliformis* Murr. = *Borassus æthopium* Mart.

A 2.

Noms vernac. : *Rônier* (colons); *Makubé* (fanti); *Ekubé* (agni); *Deudo* (attié).

RHIZOPHORACÉES.

Rhizophora racemosa G. F. Meyer.

A 2. — D. = 1,093. On ne tire pas parti des palétuviers à la Côte d'Ivoire, le tronc atteint du reste rarement plus de 0 m. 30 de diamètre et 10 mètres de long. Il est souvent tortueux. Le long des Lagunes, spécialement entre Grand-Bassam et Bingerville, les palétuviers enchevêtrés les uns dans les autres s'élèvent jusqu'à 20 mètres de haut, mais l'exploitation en serait très difficile, en raison de l'enchevêtrement des troncs et des racines plongeant dans l'eau ou dans les marais vaseux impénétrables.

Noms vernac. : *Palétuvier rouge* (colons); *Ntagué hié* (attié); *Endé* (agni); *Koghia béra* (fanti).

Anopyxis occidentalis A. Chev., *Novit. flor. Afr.*, IV, 1912 (= *Pynoertia occidentalis* A. Chev., *Vég. ut. Afr. trop.*, V, p. 211).

A 1. — D. = 0,931. Pourrait peut-être remplacer le buis dans le tournage, mais inutilisable en menuiserie.

Noms vernac. : *Kassékui* (mbonoï); *Hainde* (agni); *Agnaingui* (ébrié); *Bobélé-lauré* (abé).

ROSACÉES.

Chrysobalanus ellipticus Soland.

A 2. — D. = 1,147.

Nom vernac. : *Hanfuru* (agni).

Parinarium robustum Oliv.

A 2. — D. = 0,957.

Nom vernac. : *Aroba* (mbonoi).

Parinarium tenuifolium A. Chev.

A 1. — D. = 0,788.

Noms vernac. : *Catesima* (mbonoi); *Simua* (attié).

RUBIACÉES.

Gardenia viscidissima S. Moore.

A 3. — D. = 0,658.

Grumilea venosa Benth.

A 3. — D. = 0,691.

Noms vernac. : *Tchiat Kottsé* (attié); *Aburésé baka* (agni).

MITRAGYNE MACROPHYLLA Hiern. = *Nauclea stipulacea* DC. = *N. stipulosa* G. Don. = *N. macrophylla* Perr. et Lepr.

A 1. — D. = 0,574. Utilisé en ébénisterie sous le nom de bois de « Bahia » ou « tilleul d'Afrique ».

Noms vernac. : *Bahia* (agni); *Sofo* (attié); *Ogouwa* (ébrié).

MORINDA CITRIFOLIA L. = *Morinda quadrangularis* G. Don. = *M. macrophylla* Desf. = *Psychotria? chrysortiza* Thonn.

A 2. — D. = 0,593.

Noms vernac. : *Sangongo* (bambara); *Alongua* (bondoukou).

PSEUDOCINCHONA AFRICANA A. Chev., *Vég. ut. Afriq. trop.*, V, p. 229.

A 2. — D. = 0,816. Lorsqu'ils sont atteints de fièvre, les Abés et les Bondoukous boivent une tisane faite avec l'écorce de l'arbre.

Noms vernac. : *Kiumba* (bondoukou); *Mbrahu* (abé).

SARCOCEPHALUS ESCULENTUS Afzel. = *Cephalina esculenta* Schum. et Thonn.

A 3. — D. = 0,676. Un bois jaune analogue est exporté du Congo, sous le nom de *Viku*, mais a peu de valeur.

Nom vernac. : *Tétéré* (mbonoi).

SARCOCEPHALUS POBEGUINI Hua.

A 1. — D. = 0,767. Bois magnifique pouvant être employé pour faire les plafonds des voitures de chemins de fer, et pour le tournage.

Noms vernac. : *Ndébéré* (attié); *Ekusamba* (fanti); *Zérongo* (bambara); *Boisima* (agni); *Bado* (abé).

CANTHIUM sp.

A 2. — D. = 0,90. Matériel roulant de chemin de fer.

CANTHIUM sp.

A . — D. = 0,64. Ébénisterie. Menuiserie apparente.

COFFEA EXCELSA A. Chev.

A 3.

RUTACÉES.

FAGARA MACROPHYLLA (Oliv.) Engler = *Zanthoxylum? macrophyllum* Oliv.

A 2. — D. = 0,992.

Noms vernac. : *Hanwgo* (bondoukou); *Kengüé* (mbonoi).

FAGARA PARVIFOLIA A. Chev. = *Zanthoxylum parvifolia* A. Chev., *Vég. ut. Afr. trop.*, V, p. 233.

A 2.

Noms vernac. : *K,anton* (fanti); *Hendjé, Hengüé* (agni); *M'Bon* (attié).

SAMYDACÉES.

HOMALIUM AFRICANUM Benth.

A 2. — D. = 0,992.

Noms vernac. : *Akoïma* (agni); *Akonibia* (fanti).

HOMALIUM MOLLE Stapf.

A 2. — D. = 0,797.

SAPINDACÉES.

ANOUMALIA CYANOSPERMA A. Chev., *Nov. flor. Afr.*, IV, 1912.

A 1. — D. = 0,75.

BLIGHIA SAPIDA Kœnig. = *Cupania edulis* Schum. et Thonn.

A 1. — D. = 0,817. Menuiserie apparente.

Noms vernac: *Finzan* (bambara); *Sugo* (bondoukou); *Khaia* (agni); *Baza* (attié).

DEINBOLLIA INDENIENSIS A. Chev., *Vég. ut. Afr. trop.*, V, p. 235.

A 3.

Noms vernac. : *Kaüsa* (indénié); *Ekosuba, Zéma, Kérenya* (agni); *Ngua, Abô* (attié).

PLACODISCUS PSEUDOSTIPULARIS Radk.

A 3.

Nom vernac. : *Paradakué* (attié).

SAPOTACÉES.

Chrysophyllum africanum A. D C. = *Chrysophyllum macrophyllum* Sabine et G. Don. = *Gambeya Africana* (D C.) Pierre.

A 2. — D. = 0,59. Bois se travaillant à merveille, on peut en faire de la sculpture très fine. Il est propre à l'ameublement, soit laqué, doré ou ciré. Bois homogène et léger qui trouverait son emploi pour faire des voitures de chemin de fer.

Nom vernac. : *Hayaso* (abé).

Chrysophyllum giganteum A. Chev., *Vég. ut. Afr. trop.*, V, p. 237.

A 2. — D. = 0,994.

Noms vernac. : *Anandjo, Ananyo* (mbonoi); *Ananguéri* (abé).

Chrysophyllum sericeum A. Chev.

A 1.

Dumoria Heckeli A. Chev., *Veg. ut.*, V, p. 237 = *Tieghemella? Heckeli* Pierre.

A 1. — D. = 0,716. Ce bois appartient au groupe des *Duka* du Congo, importés sur les marchés. On reproche à ces bois, fournis par des essences diverses, d'avoir des teintes variées. Le *Dumoria* est uniforme comme coloris. Il serait très apprécié et très original pour faire la carrosserie d'automobile et les voitures de chemin de fer.

Noms vernac. : *Dumori* (agni); *Makaru, Makoré* (apollonien); *Garésu* (bêté); *Batueu* (néonolé); *Mbabu* (attié); *Bahu* (abé).

Malacantha robusta A. Chev., *Vég. ut.*, V, p. 241.

A 1. — D. = 0,509. Pourrait être employé en menuiserie.

Noms vernac. : *Anaingüéri* (abé); *Awamé* (agni); *Alokwotümon* (attié).

Mimusops clitandrifolia A. Chev., *Vég. ut.*, V, p. 242.

A 2. — D. = 1,172.

Noms vernac. : *Bohamamua* (attié); *Kako, ironwood* (fanti); *Bois de fer* (colons).

Mimusops lacera Baker.

A 2. — D. = 1,045. Bois de grande résistance : matériel roulant et travaux de chemin de fer.

Noms vernac. : *Ntaguaya* (attié); *Isonguin* (agni); *Anainguéri* (abé); *Bempé* (ebrié).

MIMUSOPS MICRANTHA A Chev., *Vég. ut.*, V, p. 244.

A 2. — D. = 1,102.

Noms vernac. : *Adan* (attié); *Diangué* (agni).

OMPHALOCARPUM AHIA A. Chev., *Vég. ut. Afr. trop.*, V, p. 244.

A 2. — D. = 0,568.

Noms vernac. : *Ahia* (attié); *Kétibu* (agni); *Guéha* (ébrié).

OMPHALOCARPUM ANOCENTRUM Pierre in Engler.

A 2. — D. = 0,574. Bois teinté au brou, ressemblant au noyer frisé.

Noms vernac. : *Ayaya, Guéia* (ébrié); *Tilri* (adioukrou); *Kiagua* (mbonoi); *Bérétué?* (agni).

PACHYSTELA CINEREA (Engler) Pierre = *Chrysophyllum cinereum* Engler = *Pachystela conferta* Radlk. = *Bumelia Afzelius.*

A 2. — D. = 0,818.

Noms vernac. : *Kérengué* (mbonoi); *Kaka* (abé); *Mfantu* (attié); *Aborobié* (agni).

SIMARUBACÉES.

BALANITES TIEGHEMI A. Chev., *Nov. flor. Afr.*, IV, 1912.

A 1.

Noms vernac. : *Korobo* (fanti et apollonien); *Karabo* (Mossou); *Alaoué, Elaou* (agni); *Kouamouta* (attiě).

HANNOA KLAINEANA Pierre.

A 1. — D. = 0,316. Peut être employé pour la fabrication de la pâte à papier et pour la menuiserie ordinaire.

Noms vernac. : *Haté baké* (mbonoi); *Haiefai?* (abé); *Neubé?* (attié).

MANNIA AFRICANA Hook. f.

A 2. — D. = 0,581.

Noms vernac. : *Akodo* (mbonoi); *Sotibia* (fanti); *Bomoku* (agni); *Haté* (attié).

STERCULIACÉES.

Section I.

Cola cordifolia (Cav.) R. Br. var. Maclaudi A. Chev., *Vég. ut. Afr. trop.*, V, p. 248. = *Sterculia cordifolia* Cuv. = *Cola laterifolia* K. Schum.

A 1. — D. = 0,591. Fréquemment employé dans la menuiserie africaine.

Noms vernac. : *Ntaba* (bambara); *Amhio* (bondoukou); *Awa* (attié); *Dabu-dabu* (agni); *Ouaga* (abé); *Houa* (attié); *Ouaré* (agni).

Cola mirabilis A. Chev., *Vég. ut. Afr. trop.*, V, p. 249.

A 3. — D. = 0,732.

Noms vernac. : *Gnibi* (attié); *Komou aguiré* (agni).

Cola nitida (Vent.) A. Chev. = *Cola vera* K. Schum. = *Cola acuminata* Heckel et mult. auct. (non Pal. Beauv.).

A 2. — D. = 0,588. Le bois peut servir dans la menuiserie et a attiré l'attention des constructeurs de voitures de chemin de fer.

Noms vernac. : *Ngoro* (mandingue); *Awasé* (abé); *Buéssé* (mbonoi); *Halù* (adioukrou); *Hapo* (ébrié); *Lo* (attié); *Guéré* (néyau); *Gurésu* (bété); *Huré* (plapo); *Wé* (trépo); *Kolatier* (colons).

Heritiera utilis Sprague = *Triplochiton utilis* Sprague = *Cola proteiformis* A. Chev., *Vég. ut. Afr. trop.*, V, p. 250.

A 2. — D. = 0,583. Bois intéressant, ressemblant beaucoup comme aspect au Cailcédrat du Sénégal et qui peut certainement remplacer l'acajou proprement dit, surtout si on peut le livrer au commerce à un prix inférieur de 40 francs par tonne au cours de l'acajou.

Noms vernac. : *Kouanda* (attié); *Gniangan* (agni); *Kokotsi* (fanti); *Benda* (abé).

Pterygota cordifolia A. Chev., *Vég. ut. Afr. trop.*, V, p. 252.

A 2.

Noms vernac. : *Waré*, *Borfo waré* (agni); *Apé* (attié); *Souhoun* (fanti).

Sterculia oblonga Mast. = *Eriobroma Klaineana* Pierre.

A 2. — D. = 0,521. Menuiserie apparente.

Nom vernac. : *Azodô* (abé).

Sterculia Tragacantha Lindl. = *Sterculia pubescens* G. Don = *S. obovata* R. Br.

A 2. — D. = 0,407.

Noms vernac. : *Poré-poré* (abé); *Lomburu* (bondoukou); *Botopia* (attié); *Kotokié* (agni).

STERCULIACÉES.

Section II.

Mansonia (Achantia) altissima A. Chev. = *Achantia altissima* A. Chev., *Bull. Mus. d'Hist. Nat.*, 1909, n° 8, p. 545.

A 2. — D. = 0,700. Menuiserie ordinaire.

Noms vernac. : *Bourroua* (agni); *Porono* (agni de l'Indénié).

Triplochiton scleroxylon K. Schum. = *T. Johnsoni* Wright.

A 1. — D. = 0,283. Les indigènes en font des pirogues. C'est un des bois les plus intéressants pour la menuiserie européenne. Il est bien supérieur au *Tilleul* et au *Peuplier*, qu'il peut remplacer avantageusement. Les ébénistes pensent qu'il ne peut pas servir à la décoration de l'ameublement à cause de ses veines creuses. Cependant il se travaille très bien et se tient ferme sous l'outil.

On pense qu'il serait aussi très utilisable pour la fabrication de la pâte à papier.

Noms vernac. : *Sam'ba*, *Sankamba*, *Sama*, *Sérama* (bondoukou); *Hôfa* (abé); *Patabua*, *Pataboué* (agni); *Wa-wa* (apollonien et indénié); *Owa-wa* (Côte-d'Or d'après W. H. Johnson).

TILIACÉES.

Cystanthera papaverifera A. Chev., *Vég. ut. Afr. trop.*, V, p. 271-272.

A 1. — D. = 0,785. Pourrait être employé pour faire des voitures de chemin de fer et des cloisons intérieures de paquebots.

Noms vernac. : *Kotié*, *Koti* (abé); *Balahé* (bondoukou); *Red-wood* (anglais); *Baka-bakoué* (apollonien); *Kuapa* (agni); *Béréguan* (attié); *Papa* (fanti).

Duboscia macrocarpa Bocq.

A 2. — D. = 0,541.

Nom vernac. : *Pianro* (agni).

URTICACÉES.

ANTIARIS TOXICARIA Lesch. var. AFRICANA Scott. Elliot = *Antiaris africana* (Scott. Elliot) Engler.

A 1. — D. = 0,408. La Société centrale des architectes, tout en reconnaissant la beauté et la qualité de ce bois, ne peut donner aucun avis au sujet de son utilisation avant que des applications réelles aient été faites, soit en sculpture, en moulures ou en lambris, et qu'on connaisse comment il s'est comporté après un certain temps.

Pourrait être utilisé en ébénisterie en remplacement du tulipier pour contre-plaquage, et pour la menuiserie.

Noms vernac. : *Ako* (mbonoi); *Muttié? Akédé* (abé); *Bofi* (agni); *Mbopon* (attié).

CELTIS CRENATA A. Chev.

A 2.

CELTIS INTEGRIFOLIA Lamk.

A 2. — D. = 0,772.

Noms vernac. : *Tongo* (bondoukou); *Mgua* (abé).

CHLOROPHORA EXCELSA (Welw.) Benth. et Hook.

A 1. — D. = 0,721. Très beau bois, pouvant remplacer le Teck de Birmanie, déjà exploité à Lagos. Serait très bon pour les voitures de chemin de fer et pour les traverses; il pourrait être vendu comme chêne, surtout s'il est inaltérable, car on peut l'employer sans le créosoter.

Noms vernac. : *Guenlé* (bondoukou); *Bonzo* (bambara); *Dou, Akédé* (abé); *Agui* (ébrié); *Elui, Efomou, N'lui, Erou* (agni); *Odum* (apollonien); *Coke wood* (anglais); *Rokko* (Dahomey); *Bakana?* (fanti).

CHLOROPHORA ALBA A. Chev., *Nov. flor. Afr.*, IV, 1912.

A 1.

FICUS ARTOCARPOIDES Warb.

A 2. — D. = 0,540.

Noms vernac. : *Diangué* (agni); *Mekhi* (attié); *Karka bili* (bambara du Sud).

Ficus Goliath A. Chev., *Vég. ut. Afr. trop.*, V, p. 262.

A 1. — D. = 0,621.

Nom vernac. : *Abono* (mbonoi).

Ficus guineensis (Stapf.) Miq.

A 2. — D. = 0,486.

Nom vernac. : *A-turu* (mbonoi).

Pontya excelsa A. Chev., *Vég. ut.*, V, p. 263; *Nov. flor. Afr.*, IV, 1912.

A 2. — D. = 0,628.

Noms vernac. : *Triwa* (agni); *Metchi* (attié).

Morus mesozygia Stapf.

A 2. — D. = 0,810.

Noms vernac. : *Cécérüi* (agni); *Bona* (attié).

Musanga Smithii R. Br.

A 2. — D. = 0,262. Peut être employé pour la fabrication de la pâte à papier. Les indigènes se servent de ce bois pour faire des enclos pour leurs cases.

Noms vernac. : *Loho* (abé); *Güima*, *Djuna* (bondoukou); *Egüi* (agni); *Amoiya* (ébrié); *Parasolier* (colons); *Congo-congo* (gabonais).

Myrianthus arboreus Pal. Beauv.

A 2. — D. = 0,685.

Noms vernac. : *Agnon* (abé); *Atolaïé* (mbonoi); *Agniéré* (ébrié).

Myrianthus serratus (Tréc.) Benth. et Hook.

A 2. — D. = 0,543.

Noms vernac. : *Nianga-magni* (indénié); *Diancongüé* (attié); *Nianga* (agni).

Treculia africana Dcne.

A 1.

Noms vernac. : *Yukugo* (bondoukou); *Izaquente* (colons portugais). *Arbre à pain d'Afrique* (colons).

VERBÉNACÉES.

Vitex micrantha Gürke.

A 2. — D. = 0,770.

APPENDICE II.

DOCUMENTS CONCERNANT L'ALTIMÉTRIE DE L'AFRIQUE OCCIDENTALE FRANÇAISE.

Au cours de notre mission en 1909-1910, nous avons effectué de très nombreuses observations en vue de déterminer les altitudes des points les plus marquants et notamment celles des sommets les plus élevés des régions que nous avons parcourues. Ces observations ont été faites à l'aide d'instruments vérifiés par le *Bureau central météorologique* au départ et au retour de la mission; elles présentent donc une réelle précision. Nos feuilles d'observations ont été remises à notre retour à M. Angot, directeur du Bureau central météorologique, qui a fait effectuer les calculs des altitudes par M. Molinski, en prenant simultanément comme bases les stations météorologiques de Saint-Louis, de Conakry et de Grand-Bassam. Ainsi qu'on pourra le constater, les résultats sont assez différents suivant qu'on adopte l'un ou l'autre de ces lieux d'observations. Nous estimons que les chiffres obtenus en prenant comme base Conakry sont à préférer D'autre part, les altitudes moyennes obtenues sont parfois assez différentes de celles qui ont été rapportées par divers explorateurs et même de celles que nous avons obtenues en faisant nous-même les calculs pour un certain nombre de points[1]. C'est ainsi que l'altitude du sommet de la montagne de Nzo, qui, d'après nos calculs, était de 1,500 à 1,600 mètres, est ramenée par M. Molinski à 1,410 m. 40 par Conakry. De même, l'altitude de Ouagadougou, qui, d'après la mission du chemin de fer et aussi d'après Marc, serait de 325 mètres (326 mètres d'après H. Hubert), ne serait d'après les calculs de M. Molinski que de 257 mètres par Conakry.

En présence de ces divergences, nous avons cru indispensable de publier dans un premier tableau les données fournies par nos instruments. Lorsque les stations météorologiques de l'Afrique occidentale seront en état de fournir des observations d'une précision indiscutable, il sera sans doute possible de tirer un meilleur parti de nos observations, si surtout on tient compte des heures auxquelles elles ont été faites. H. Hubert a déjà fourni à ce sujet de très précieuses indications[2].

[1] Voir Aug. CHEVALIER, La région des sources du Niger, *La Géographie*, 1909, p. 337-352; Les massifs montagneux du Nord-Ouest de la Côte d'Ivoire, *La Géographie*, 1909, p. 207-224.

[2] H. HUBERT, Le relief de la Boucle du Niger, *Annales géogr.*, XX (1911), p. 157.

PROCÉDÉS EMPLOYÉS POUR OBTENIR L'ALTITUDE.

La mission avait à sa disposition :

1° Un baromètre Fortin de Radiguet n° 3105;

2° Un baromètre holostérique altimétrique compensé $P_N^H B$ n° .

Ces deux instruments ont été mis en observation au Bureau central météorologique (rue de l'Université), une première fois en octobre-novembre 1906, et une deuxième fois en octobre-novembre 1908.

Le baromètre Fortin comporte la correction suivante : Ajouter aux lectures, préalablement réduites à 0° cent., 0 millim. 2.

Le baromètre holostérique a été mis en concordance avec le baromètre Fortin à Faranah (voir les tableaux).

Le tube du baromètre Fortin a dû être dévissé plusieurs fois (voir les tableaux) pour assujettir la ligature de la peau de chamois; mais, chaque fois, un index a été tracé sur le tube de cuivre et sur l'armature de la cuvette, et ces index ont été ramenés en concordance.

Par suite des hautes températures supportées par l'instrument au Dahomey, un peu de mercure s'est échappé par la ligature supérieure de la peau de chamois et ce mercure a détérioré la vis de commandement du vernier, de sorte que celui-ci n'a plus fonctionné à partir de Konkobiri. Aussi toutes les observations faites au Haut-Sénégal-Niger l'ont été avec le baromètre anéroïde.

MISSION CHEVALIER

À LA GUINÉE FRANÇAISE ET À LA CÔTE D'IVOIRE.

Altitudes définitives. *Calculées d'après les observations du baromètre Fortin.* 16 janvier 1909 au 3 septembre 1910.

Stations de comparaison pour l'année 1909 (janvier à août) :

Conakry. Alt. 16 mètres, Cg. = 1 millim. 86. — Les observations barométriques paraissent satisfaisantes et ont été faites par M. le Dr Pezet, médecin des Troupes coloniales.

Saint-Louis. Alt. 2 m. 5, Cg. = 1 millim. 67. — Par suite des *nombreux changements d'observateurs*, les observations barométriques sont extrêmement douteuses, notamment pour la fin du mois de *juillet 1909* et tout *le mois d'août* de la même année.

Stations de comparaison pour l'année 1910 (mai, juin et juillet) :

Conakry (voir ci-dessus). — Les observations paraissent satisfaisantes.

Grand-Bassam. Alt. 6 mètres (?), Cg. = 1 millim. 94. — Les observations barométriques sont plus ou moins satisfaisantes.

Nota. — *Toutes les corrections ont été appliquées.* Dans certaines localités, pour suppléer au manque de températures, on a pris une *température moyenne de 25 degrés.* Pour les localités où *une seule observation barométrique* a été faite, voir les feuilles originales ne donnant que les *altitudes brutes.*

TABLEAU N° 1.

OBSERVATIONS DE LA MISSION.

Les chiffres portés dans les différents tableaux correspondant à la pression sont les bruts lus sur les instruments. — Les températures sont celles fournies par le therm fixé au baromètre Fortin.

DATE.	RÉGION ET LOCALITÉ.	HEURE.	FORTIN.	TEMPÉRATURE.	HUMIDITÉ.	ANÉROÏDE.	OBSERVATI
			millim.	degrés.		millim.	
1909.	CERCLE DE FARANAH.						
10 janv.	Kaba (poste télégraphique)............	15	729,8	30,2	15 (?)	//	
15.....	Faranah (poste)........	14	722,5	24,8	6mm96 tens.	//	
16.....	*Idem*................	7 30	725	15	//	//	
	Idem................	10	725,3	22,5	//	//	
	Idem................	12	724,3	26	//	//	
	Idem................	17	723,5	26	//	//	
	Idem................	18	724,5	25	//	//	
	Idem................	21	724,8	19	//	//	
17.....	*Idem*................	8	724,8	20	//	//	
	Idem................	9	725,5	21	t. mouillé 16.	//	
	Idem................	10	726	25,5	//	//	
	Idem................	11	725,3	26,5	//	725,3	1er réglage l'anéroïde.
	Idem................	14	723,1	29	//	//	
	Idem................	16	723,4	28	//	//	
	Idem................	18	724,6	27	//	//	
	Idem................	21 30	724,2	21	//	//	
18.....	*Idem*................	8	724,1	//	//	726	
	Idem................	9 30	724,3	22,5	//	726	
	Faranah (rive du Niger)..	10	//	30	//	729	
	Faranah (poste)........	12	727,3	26,5	//	//	
	Idem................	14	721,7	28	//	//	2e réglage de roïde.

DATE.	RÉGION ET LOCALITÉ.	HEURE.	FORTIN.	TEMPÉRATURE.	HUMIDITÉ.	ANÉROÏDE.	OBSERVATIONS.
			millim.	degrés.		millim.	
1909.	CERCLE DE FARANAH. (*Suite.*)						
18 janv.	Faranah (poste) [*suite*]..	15	721,6	28	"	"	
	Idem................	16	721,3	28	"	"	
	Idem................	19	722,1	24,5	"	"	
	Idem................	20 30	722,7	21,5	"	"	
19.....	*Idem*................	7	722,4	14	"	"	
	Idem................	9 30	724,3	22	"	"	
	Idem................	12	723,3	28	•	"	
	Idem................	14	722,6	30	"	"	
	Idem................	18	722,4	26	"	723	
	Idem................	20	723	22,5	t.mouillé 20,3	"	
20.....	*Idem*................	7	723,4	16	"	725,2	
	Idem................	8 30	724,2	22	"	726,3	
	Idem................	10 45	724	28	"	725,2	
	Idem................	11 45	723,9	31	"	724,2	
	Idem................	13 15	722,8	32,5	"	723	
	Idem................	14 45	721,5	33	"	721,8	
	Idem................	18	722,7	29,5	"	722,5	
	Idem................	21	724,3	26	"	724,5	
21.....	*Idem*................	7	725	22	"	725	
22.....	Tindo (village)........	6 30	"	"	"	727,5	
	Kamaria (village)......	9 30	"	"	"	728,7	
	Laya-Dongoula (village)..	10 05	"	"	"	726,5	
	Mamelon près Laya-Santa.	11 45	"	"	"	723,5	
	Laya-Santa (village)....	12 30	726,2	28	"	726,7	
	Idem................	13 30	726	30	"	726,5	
	Idem................	15	725,2	29	"	726,2	
	Idem................	18	725	22	"	726,8	
23.....	*Idem*................	6 20	"	"	"	727,1	
	Mafindi-Kabaya........	10 30	725,8	29	"	726,5	
	Mamelon près Socourala..	14 35	"	"	"	722,5	
	Socourala.............	16	722,1	35	"	"	
24.....	*Idem*................	8	724,1	22,5	"	726 1	

DATE.	RÉGION ET LOCALITÉ.	HEURE.	FORTIN.	TEMPÉRATURE.	HUMIDITÉ.	ANÉROÏDE.	OBSERVAT
			millim.	degrés.		millim.	
1909.	CERCLE DE FARANAH. (*Suite.*)						
24 janv..	Socourala.............	18	722,4	28	peu humide.	723	
25.....	Bangagna (village abandonné).............	8	//	//	//	725,5	
	Manankolia...........	9	//	//	//	723,5	
	Kamaro..............	10 30	//	//	//	721	
	Vallée du Faliko, près Foreboria...........	12 30	//	//	//	721,8	
	Foreboria.............	15	720	31	//	722	Réglage de[illegible] roïde apré[illegible] ration.
26.....	Guéroya..............	8	721,7	25,5	//	722,7	
	Sambadougou.........	9 15	721,1	28	//	721,6	
	Sommet du mont Konkowa, près Sambadougou...............	11	712,9	33	//	//	
	Sambadougou.........	12	720,2	29	//	//	
	Idem...............	14	719,1	32	//	//	
	Idem...............	17	719,1	30	//	//	
	Idem...............	19 30	720,4	25	//	720,9	
27.....	*Idem*...............	6 20	//	//	//	721,2	
	Sambadougou (col).....	7 10	//	//	//	715	
	Mamelon vers Bambadou.	8	//	//	//	709,5	
	Bambadou (village).....	8,30	710	24,1	//	710,8	
	Col sur route de Boria...	9,30	//	//	//	708,5	
	Vallée du Faliko, près Boria..............	9 50	//	//	//	712	
	Boria (village) Tombe du capitaine Rudolph Mac Kee..............	10 30	707,8	27,8	//	708	
	Région des sources du Niger :						
	Crête à la frontière.....	13 55	//	//	//	702,5	
	SIERRA LEONE. Région des Sources du Niger :						
	Donkoria............	//	//	//	//	704,6	

DATE.	RÉGION ET LOCALITÉ.	HEURE.	FORTIN.	TEMPÉRATURE.	HUMIDITÉ.	ANÉROÏDE.	OBSERVATIONS.
			millim.	degrés.		millim.	
	SIERRA-LEONE. (*Suite*)						
1909.	Région des sources du Niger :						
27 janv.	Dandafarra (village), au pied du mont Kola....	17	711	25	t. hum. 20.	″	Mt Kola est 200 m. plus haut.
28.....	*Idem*..................	6 45	″	″	″	713,8	
	Guirimba.............	8	″	″	″	723,1	
	Niénankalia...........	12 30	703,4	30,5	tens. 15[mm]	″	
	Nérécoro (village à flanc de rochers)..........	16 40	706,3	29	t. hum. 24.	″	
	Idem................	19 45	707,6	24	″	″	
	Idem................	″	″	″	″	708,5	
29.....	Souradou (village).....	8	702,8	23	pluie.	″	
	Mamelon de Souradou (au S.)............	10	694,7	24,5	brouill.	″	
	Col au pied du Taforé...	11 30	681,7	29	″	″	
	Soukourala (village)....	14 5	692,6	31	sec 20?	″	
	CERCLE DE FARANAH. (*Suite.*)						
	Sources du Niger :						
	Borne de Timbikounda, au-dessus de Timboko..	16	685,6	27	pluie.	″	
30.....	Timbikounda (borne près de la source)........	18 45	696,1	22,1	pluie.	″	
	Idem................	6 30	695,2	19,5	″	697,2	
	Idem................	7	696,1	20	″	697,8	
	Borne de Timbikounda au-dessus de Timbiko..	7 45	687,2	25	″	688,8	Observations faites par M. Fleury.
	Mont Soulou (sommet)..	9 45	679,2	29	″	679,4	Observations faites par M. Fleury.
	Mont Konaba (sommet)..	10 45	677,9	29,5	″	677,9	Observations faites par M. Fleury.
	Mont Taforo (sommet)..	13 10	670,9	32	″	″	Observations faites par M. Fleury.
	Timbikounda (borne près de la source)........	14 30	694,8	29,5	″	″	
	Idem................	15 30	695	36	orage.	″	
	Idem................	17	694,5	23	pluie.	695,2	
	Idem................	17 30	694,6	19	pluie.	″	

DATE.	RÉGION ET LOCALITÉ.	HEURE.	FORTIN.	TEMPÉRATURE.	HUMIDITÉ.	ANÉROÏDE.	OBSERVAT[IONS]
			millim.	degrés.		millim.	
1909.	CERCLE DE FARANAH. (*Suite.*)						
	Sources du Niger :						
30 janv.	Timbikounda (borne près de la source)........	19 45	695,4	19,5	brouillard	//	
	Idem................	20 45	696,2	19,5	//	//	
31.....	*Idem*................	6 40	694,9	20,5	//	//	
	Idem................	12	694,5	32,5	//	//	
	Farakoro (village)......	19	705,4	24,5	//	//	
	Idem................	20 30	706,8	23	//	//	
1er févr.	Sarafinian (poste douanier).............	15	712	25,5	//	//	
	Idem................	20 30	714	24	//	//	
2.....	Sarafinian (au bas du village)............	6,30	//	//	//	714,2	
	Koubikoro (village).....	11 30	712,2	32,8	//	//	
	Idem................	20 15	712,8	26	//	712,5	
3.....	Vallée de la Méli, près Bafaria..........	8	//	//	//	726	
	Pied du mont Loumban..	11	702,5	31	//	//	
	Pied du roc du mont Loumban...........	11	700,8	31	//	//	Ce mont 75 m. pl[us]
	Bambaya (village)......	16 20	711,8	28	//	711	
4.....	*Idem*................	9	714	24	//	//	
	Bambaya (pied du grand roc).............	10	703,8	25	//	//	Ce roc s'élè[ve] plus haut
	Bambaya (village).......	11	713,2	25	//	//	
	CERCLE DU KISSI.						
5.....	Kindékoro............	9 30	712,5	28	//	//	
	Sansando (mamelon près du village)..........	14 30	//	//	//	707	
	Kirimoria............	17 30	715	24	//	717	
6.....	*Idem*................	6 50	//	//	//	716,5	
	Soundia..............	9	//	//	//	717,5	

DATE.	RÉGION ET LOCALITÉ.	HEURE.	FORTIN.	TEMPÉRATURE.	HUMIDITÉ.	ANÉROÏDE.	OBSERVATIONS.
			millim.	degrés.		millim.	
1909.	CERCLE DU KISSI. (*Suite*)						
6 févr..	Soundia (haut de la montée)............	9 15	//	//	//	711	
	Massakondo (chef-lieu de canton)............	9 45	717,1	26,2	//	//	
	Massakoundou-Dougoula.	12 45	716,5	31,2	//	//	
7.....	Koundian.............	7 30	//	//	//	718,7	
	Vallée du Niandan......	8 20	//	//	//	720,3	
	Songo..............	9	719,8	24,8	//	//	
	Kissidougou (fort)......	11 50	717,3	27,2	//	718	
8.....	*Idem*...............	7 10	719,3	24,2	//	//	
	Idem...............	10 15	718,9	25,3	//	//	
	Idem...............	20	717,3	24	//	//	
10.....	*Idem*...............	13 45	716	24,3	//	//	
16.....	*Idem*...............	10	716,6	21,3	t. cor. 26,6	//	
	Dioromandou..........	21 30	711,1	23	//	//	
18.....	*Idem*...............	6 30	710,5	23	humide.	//	
	Doundian.............	8	//	//	//	717,2	
	Kokourou (rivière).....	9	//	//	//	720	
	Bendou..............	10	//	//	//	717,5	
	Koundian.............	11 40	707,5	25	//	//	
	Idem...............	13 30	707,1	26	//	//	
	Idem...............	17 30	706,5	26	//	//	
19.....	Rivière Waou (affluent du Makona)..........	9 15	//	//	//	720,6	
	Butte au-dessus de Ouria..	12 45	//	//	//	698	
20.....	Ouria (caravansérail)...	17	704,9	27,5	//	703,9	
	Idem...............	17 30	705,2	26	//	704	
	Idem...............	18	705,1	24,8	//	704,6	Le pic voisin s'élève à 150 m. plus haut.
21.....	*Idem*...............	7	//	//	//	706,5	
	PAYS TOMA.						
	Samponyara (fortin)....	11 30	702,2	25,2	//	701,7	
	Idem...............	12	701,9	25,5	//	701,6	

DATE.	RÉGION ET LOCALITÉ.	HEURE.	FORTIN.	TEMPÉRATURE.	HUMIDITÉ.	ANÉROÏDE.	OBSERVATI
			millim.	degrés.		millim.	
1909.	PAYS TOMA (*Suite.*)						
21 févr..	Samponyara (fortin).....	15	700,5	26,1	//	700	
	Idem................	17 30	700,7	25	//	700,1	
22.....	Mokomaï.............	m.	//	//	//	705,5	
	Bérézia..............	16	710,6	19,8	//	711	Mamelons de 100 m haut.
23.....	Passage de la rivière Makona..............	7 15	//	//	//	714,8	
	Lofoniando...........	8 30	//	//	//	713,8	
	Niaguésou...........	10 20	//	//	//	713	
	Kondéla..............	12	//	//	//	712,2	
	Diorodougou..........	13 30	713,3	24,3	//	//	
	Idem................	20	715,7	21	//	//	
24.....	Col de Diorodougou à Gouégouésinama.....	7 45	//	//	//	707	Hau teurs surpl. de
	Gouégouésinama (village).	8	698,6	22	15	//	
	Mamelon voisin de Gouégouésinama.........	8 15	//	//	//	691,5	Observat. d terprète
	Mamelon près Mangagnimadou (col)......	8 30	//	//	//	696	Le mamelo 100 m. p
	Mamelon après bois de Cyathea............	10 45	//	//	//	694,5	
	PAYS KONIANKÉ. (Secteur militaire.)						
25.....	Mangagnimadou.......	7	//	//	//	694,2	
	Mangagnimadou (mam. à E)...............	7 30	//	//	//	692,6	
	Bokorodou (p. Elæis)...	9	//	//	//	692	Hauteurs domin. d
	Késséridougou.........	13	686,7	25,2	//	//	
	Idem................	16	685,8	25	//	//	
	Idem................	20	686	23	//	//	
26.....	Bouro................	8 30	//	//	//	687,8	
	Oussoudou............	//	//	//	//	//	Observ. m par suite position.
27.....	*Idem*................	6	716,1	25	sec.	//	

DATE.	RÉGION ET LOCALITÉ.	HEURE.	FORTIN.	TEMPÉRATURE.	HUMIDITÉ.	ANÉROÏDE.	OBSERVATIONS.
			millim.	degrés.		millim.	
1909.	PAYS KONIANKÉ. (*Suite.*)						
	(Secteur militaire.)						
27 févr..	Passage du Diani.......	9 10				715	
	Sosabala............	11 15	708	25	″	707	Entre ces 2 opérations, l'enveloppe de métal entourant le tube a été dévissée par inadvertance. Je pense qu'elle a été ramenée à sa position primitive; mais l'anéroïde ne permet pas de l'assurer.
	Idem...............	11 30	707,5	25	″	706,2	
	Idem...............	13 15	706,6	27,5	″	705,8	
	Idem...............	14	706,3	27	″	705	
	CERCLE DE BEYLA.						
	Diendédou (village).....	17	703	28,7	pluie.	702,1	
	Idem...............	19	704,3	24	hum.	703,5	
28.....	*Idem*...............	5 30	704	21,5	″	704,4	
	Nionsomoridou (caravansérail)............	10 45	707	24,5	″	705,7	
	Idem...............	12 20	705,5	26	″	704,3	
	Idem...............	13 30	705,4	27,2	″	704,4	Tonnerre, le ciel se couvre.
	Idem...............	15 30	704,5	28	″	703,5	Orage.
	Idem...............	16 10	704,3	27,3	hum.	703,5	Premières gouttes d'eau.
	Idem...............	16 17	″	″	″	704	Pluie abondante.
	Idem...............	16 20	″	″	″	703,6	Pluie abondante.
	Idem...............	16 25	″	″	″	705	Gros grêlons de 16 h. 25 à 16 h. 30.
	Idem...............	16 55	704,2	21	″	703,7	Fin de la pluie.
1er mars.	*Idem*...............	21	707	23	″	706,5	
4.....	Beyla...............	16	703,8	24	″	702,5	
	Idem...............	8 30	705,4	22	hum. 40?	704,5	
	Idem...............	14	703,7	27	hum. 20	702,4	
	Idem...............	15	702,9	27,2	″	701,3	

DATE.	RÉGION ET LOCALITÉ.	HEURE.	FORTIN.	TEMPÉRATURE.	HUMIDITÉ.	ANÉROÏDE.	OBSERVAT.
			millim.	degrés.		millim.	
1909.	CERCLE DE BEYLA. (*Suite.*)						
4 mars.	Beyla	17	702,5	26,8	//	701	
	Idem	19 30	703,4	26	//	702,8	
5	*Idem*	8	704,5	23	//	703	
	Idem	10	704,9	24,5	//	703,5	
	Idem	12	704,4	25,7	//	702,8	
	Idem	13	703,4	26	//	701,8	
	Idem	14 15	702,5	26,8	//	701	Tonnerre.
	Idem	14 45	702,7	26,2	//	701	Commencem la pluie.
	Idem	18	702,5	24	//	701	
	Idem	21	703,9	24	//	702,8	
9	Goueia-Kou (source du Sassandra)	11	//	//	//	699,5	
	Sahadougou (village environnant)	12	//	//	//	695,5	
14	Route Beyla-Boola, à 15 kilom. Beyla (col)	12 30	//	//	//	695	
	Route Beyla-Boola (village voisin)	12 40	//	//	//	696	
	Manankoro (village)	13 20	699,6	32	//	697,5	
	Idem	15	698,6	31,5	//	696,7	Orage.
	Idem	19	699,2	25	//	//	
15	*Idem*	7	698,2	20,2	//	698	
	PAYS DES GUERZÉS.						
	Foremorikoumadou petit vill. cult. à 7 kilom. de Boola	9 30	702	26,2	//	701,3	
	Mamelon Yéréou (sommet), près le village précédent (ne pas confondre avec le pic plus haut de 20 à 30 m.)	10 45	689,2	30	//	687,7	
	Col entre le pic et le mamelon	11 15	704,5	30	//	703	

DATE.	RÉGION ET LOCALITÉ.	HEURE.	FORTIN.	TEMPÉRATURE.	HUMIDITÉ.	ANÉROÏDE.	OBSERVATIONS.
			millim.	degrés.		millim.	
1909.	PAYS DES GUERZÉS. (*Suite.*)						
15 mars.	Boola (village)	12 40	//	//	//	709	
	Idem.	13	710	29,5	//	709	
	Idem.	15 20	708,9	27	//	//	
	Idem.	17	709,3	20,5	//	708,7	Pluie.
16.....	*Idem.*	6	710,7	22	//	710,8	
	Gouan ou Bafing, près de ses sources, entre Boola et la montagne Ntongon	7 30	//	//	//	712,5	
	Yogadou (vill. cultivé au pied de la montagne Ntongon)	8	697,6	26	//	696,8	
	Mont Ntongon (montagne de Boola)	9 40	673,7	24,2	//	672,8	Un point de la crête est environ 5 m. plus haut.
	Yogadou (village)	11 30	697,4	29	sec.	696,3	
	Rivière Gouan	//	//	//	//	711	
	Boola (village)	12 30	//	//	//	709,8	
18.....	Foumbadougou (village)	8 10	//	//	hum.	719	
	Nionmorodou (village)	18 30	717,4	28,5	//	//	
	KARAGOUA.						
19.....	Guéaso	15	719,3	29	//	719,5	
	Idem.	17	719,6	28,5	//	//	
	Idem.	21 45	722	25,5	hum.	721,2	
20.....	Dangouésou	m.	//	//	//	720,2	
	Moussadougou	15 30	719,7	34,5	//	//	
	Idem.	16 30	719,5	32,5	//	718	
	Idem.	19	720,2	24	//	//	
21.....	Gouékédou	8	//	//	//	721	
	Lola	16 30	719,5	30	//	//	
23.....	*Idem.*	6 30	720,5	24	//	//	
	Gouiakoulé	14 30	715,3	31	//	714,8	
	Idem.	21	715,6	23,5	//	715,8	
24.....	*Idem.*	6	//	//	//	715,7	

DATE.	RÉGION ET LOCALITÉ.	HEURE.	FORTIN.	TEMPÉRATURE.	HUMIDITÉ.	ANÉROÏDE.	OBSERVAT
			millim.	degrés.		millim.	
1909.	KARAGOUA. (*Suite.*)						
24 mars.	Petit mamelon mi-route de Nzô	6 30	//	//	//	714	
	Passage du Cavally (route Lola à Nzô)	//	//	//	7	721	
	PAYS GUERZÉS.						
	Kaoulendougou	11 45	//	//	//	721	
	Nzô	18 30	723,2	26	//	//	
	Idem	21	724,3	22,5	//	724,8	
26	*Idem*	7	//	//	//	725	
	Excursions autour des M[ts] Nimba ou Naba et ascension de la montagne.						
	Petit vill. de culture entre Bouillé et la montagne.	8 20	//	//	//	715	
	Plateau savane au bas de la montagne (bas)	9 / 15	699,5	26,3	//	699,5	
	2e terrasse de la montagne.	12	679,5	26	//	678,2	
	3e terrasse (ascension Fleury)	11 30	//	//	//	666,8	
	Plateau savane h[t] pied même du massif	9 35	//	//	//	697,9	
28	Limite extrême de la forêt vers Kaoulendougou	//	//	//	//	694,1	Ces observa été faite M. Fleu le baromè roïde. Coı à faire poı le chiffre tin, d'ap observatio jours préc ajouter +
	Grande terrasse herbeuse en pente	//	//	//	//	672,8	
	Premier mam. du massif vers Kaoulendougou	//	//	//	//	652,4	
	2e grand mamelon (sommet de crête)	//	//	//	//	632	
	Étranglement visible de Nzô et les montagnes plus hautes, situées à l'arrière-plan	//	//	//	//	632	
	Point culminant situé à l'arrière, en plein O. magnétique de Nzô	14 30	//	30	Com[t] tornade	629,9	

DATE.	RÉGION ET LOCALITÉ.	HEURE.	FORTIN.	TEMPÉRATURE.	HUMIDITÉ.	ANÉROÏDE.	OBSERVATIONS.
			millim.	degrés.		millim.	
1909.	PAYS GUERZÉS. (*Suite*).						
28 mars.	Kaoulendougou........	19 30	721,1	27	//	721	
31.....	Route de Bouillé à Sakonenta : 1er plateau herbeux à mi-chemin....	10	//	//	//	714	
	Sakonenta (vill. nguerzi)..	17	715	20,2	pluie.	714,9	
	PAYS DES DYOLAS (Côte d'Ivoire).						
	Voyage aux sources de la Nuon :						
1er avril.	Sampleu ou Sinta (vill.)..	13	732,4	30	sec.	731,2	
	Idem................	6 30	//	//	//	732	
	Apparition des premiers schistes au bord de la rivière à 1 h. de Pita.	//	//	//	//	725	
	Bas de la grande cascade (gneiss)...........	//	//	//	//	721,2	
	Camp de la mission à mi-hauteur de la grande cascade (gneiss).....	14	715,4	25	//	716	
2.....	*Idem*................	18	715,5	22	//	716,2	
	Idem................	20	718,4	21	//	719	
	Sources de la Nuon (schistes)...........	15	//	//	//	666,2	Observations de M. Fleury à l'anéroïde. Correction au retour : retrancher : 0mm6.
	1er mamelon au-dessus de la Nuon..........	//	//	//	//	664,8	
	2e mamelon (point culminant couvert de grande brousse de Zingibéracées).......	//	//	//	//	659,7	
	PAYS DES DYOLAS.						
4.....	Souboutotrou..........	10 45	//	//	//	731,8	
	Ganhoué (Gahounien, carte Gauwain)......	18 30	729,8	27,8	//	//	
5.....	Bontrou (Bontoulo).....	10 30	//	//	//	731,2	

DATE.	RÉGION ET LOCALITÉ.	HEURE.	FORTIN.	TEMPÉRATURE.	HUMIDITÉ.	ANÉROÏDE.	OBSERVA[TIONS]
			millim.	degrés.		millim.	
1909.	PAYS DES DYOLAS. (*Suite.*)						
	Bampleu	19 30	730,3	24,8	pluie.	730,7	
5 avril.	*Idem*	6 45	//	//	//	731	
6.....	Bourépleu	8	//	//	//	732,5	
	Kouanhoulé (Bianhouné) (village)	21	731,4	23	pluie.	//	
7.....	*Idem*	6 45	//	//	//	732,7	
	Goualé, Gouélé, près de Danané	//	//	//	//	730	
9.....	Danané (Fort-Hittos), poste	14 30	730,2	29,2	//	730	
	Idem	22	732,8	25	//	732,6	Si on pre[…] yenne en[…] sion la pl[…] const. à I[…] et pressio[…] basse 73[…] comme […] 731,8 (p[…] lisée ent[…] 8 h. du […]
10.....	*Idem*	8 30	732,6	25	//	733	
	Idem	12	732,1	27	//	732,8	
	Idem	14 10	730,5	29,3	//	730,5	
	Idem	20 30	732,2	22	pluie.	732,8	Moyenne […] pératures […] pondante […] et 29,2 = […]
11.....	*Idem*	10	733,1	25,6	//	733,6	
	Idem	11 30	732,8	27,5	//	732,8	
	Idem	13 50	730,5	29,5	//	730,6	
	Idem	16	730,5	29	//	730,6	
	Idem	17 30	731,2	28,5	//	731,4	
	Idem	18 30	731,5	26,5	//	731,8	
	Idem	22	733,3	22	//	734	
12.....	*Idem*	6 45	732,8	20,5	//	734,2	
	Idem	7 45	733,4	21,5	//	734,4	
	Mont Goula, près de Danané	10 15	//	//	//	721,7	
	Danané	15	731,2	23,5	pluie.	731,3	
	Idem	19	731,6	23	//	732,2	
14.....	*Idem*	8	732,7	21,5	//	733,8	
	Kouanouré	10	//	//	//	734	
	Mont Kouan, 1er mam.	11 30	//	//	//	726,8	
	Mont Kouan, 2e mam.	12 30	//	//	//	722,2	

DATE.	RÉGION ET LOCALITÉ.	HEURE.	FORTIN.	TEMPÉRATURE.	HUMIDITÉ.	ANÉROÏDE.	OBSERVATIONS.
			millim.	degrés.		millim.	
1909.	PAYS DES DYOLAS. (*Suite.*)						
23 avril.	Mont Kouan, 2e mam...	13	732,3	29	//	732,2	
	Idem................	15	731,2	29,4	//	731,2	
	Haut Cavally.						
25.....	Pont du Cavally, au N. de Danané. (Cavally, large de 32 mètres, prof. 1 m. 50; berges, 4 mètres)..........	14 30	732	28,8	//	731,8	Même hum. à Danané 730,5 (F.).
	Idem................	15 30	731,6	27,8	//	731,3	
	Gontokouma..........	17 30	727,8	27	//	727,8	
	Idem................	19 30	728,3	23	//	728,5	
26.....	*Idem*................	7 15	//	//	//	730,8	
	Oua (marché).........	12	732,4	29,5	//	731,5	
	Idem................	20	731,3	24	//	731,5	
	Idem................	7	//	//	//	733,2	
	Idem................	8	733	24	//	//	
	Idem................	10	733,3	28,2	//	//	
	Idem................	12	733,2	30,2	//	//	
	Sommet du pic de Oua.	10	//	//	//	714,7	
28.....	Gouro (village)........	12 45	727,2	30 6	//	726,7	Moyenne des pres. extrêmes : 726,7, des temp. : 26°.
	Idem................	13 50	726,3	36	//	726	
	Idem................	15 15	725,6	30	//	725,6	
	Idem................	19 30	722	23	pluie.	727	
	Idem................	21 15	727,8	22	//	//	
29.....	*Idem*................	7	//	//	//	729	
	Cascade du ruisseau du Momy............	8 45	//	//	//	727	
	Idem................	18 45	//	//	//	723,5	
	Terrasse à la base du m. Momy (côté N. E.)..	12 35	688,6	27	//	687 5	
	Idem................	13 35	687,3	25 5	//	//	
	Idem................	15 50	685,5	24	pluie.	685,8	
	Idem................	17	//	//	//	685,5	

DATE.	RÉGION ET LOCALITÉ.	HEURE.	FORTIN.	TEMPÉRATURE.	HUMIDITÉ.	ANÉROÏDE.	OBSERVA[TIONS]
			millim.	degrés.		millim.	
1909.	PAYS DES DYOLAS. (*Suite.*) Haut Cavally :						
29 avril.	Grotte dans le flanc N. E. du mont Momy......	16 15	//	//	//	681,8	
	Idem................	16 30	//	//	//	681	
	Point extrême de l'ascension............	13,30	//	//	//	674,2	
1er mai.	Col de Klapousi........	7 45	//	//	//	719,2	
	Dantongougnié.........	8 50	//	//	//	719,2	
	Mont Goué...........	11	//	//	//	713,8	
	Douapleu (village)......	12 30	//	//	//	708,8	
	Idem................	14 10	//	//	//	707,3	
	Idem................	14 35	//	//	//	707	
	Station de Kolatiers et Rubus............	15	//	//	//	704	
	Gouékangounié (village)..	16 30	700,8	27,6	//	700	Moyenne[s] observ. pressio[n] temp.
	Idem................	18	701	24,3	//	706	
	Idem................	19	701,9	23,8	//	701,4	
	Idem................	21	703,2	23,2	//	702,7	
2.....	*Idem*................	6 45	702,1	22	//	701,9	
	Mont Dô (Doton), 1er pic au Sud............	11 30	680,8	24,5	//	//	Moyenne observ F. 67[...] 25°7.
	Idem................	12	680,5	24,2	//	//	
	Idem................	12 30	679,7	24,5	//	//	
	Idem................	13 35	679,5	26,2	//	//	
	Idem................	15 35	678,2	26,5	//	//	
	Mont Dô (Doton), 2e pic au N..............	14 45	678,8	26,2	//	//	
	Mont Gbon (sommet)....	9 40	//	//	//	665,6	Moy. 67[...] 25° +
	Idem................	10 40	//	//	//	665,4	
	Col entre les monts Dô et Gbon............	16 40	696,2	//	//	696,2	
4.....	*Idem*................	8	//	//	//	697,8	
	Ligne de partage entre bassins Cavally et Sassandra............	8 15	//	//	//	696,6	

DATE.	RÉGION ET LOCALITÉ.	HEURE.	FORTIN.	TEMPÉRATURE.	HUMIDITÉ.	ANÉROÏDE.	OBSERVATIONS.
			millim.	degrés.		millim.	
1909.	PAYS DES DYOLAS. (*Suite.*)						
	Haut Cavally :						
4 mai..	Petit village cultivé, près la ligne de partage....	9 15	//	//	//	700	
	Flanc N. du m. Gouéia.	12 30	693,8	26	//	692,5	
	Idem................	13 30	691,1	26	//	692	
	Col du mont Gouéia (ou Gouia)............	13 45	//	//	//	688,2	
	Mont Veuton (au pied)..	15	//	//	//	700,5	Le sommet, 350m plus haut.
	Col entre les deux monts de Drouplé.........	15 45	//	//	//	693,5	Le sommet du plus haut mt : 250 m. plus haut.
	Drouplé (ou Droupolé ou Droupleu) [village]...	16 30	701,1	29	//	699,8	Moyennes des observ. extrêmes : F. 701,8 ; temp. 25°.
	Idem................	17 30	700,9	26,2	//	700	
	Idem................	19	701,8	24	//	701,4	
	Idem................	21	702,8	24	//	702,2	
5.....	*Idem*................	7 30	//	//	//	//	Descente de 180 m. pour arriver au ravin situé au pied du village versant sud.
	Vallons à l'E. de Zoanlé..	10	//	//	//	718	
	Zoanlé (bloc de granit au milieu du village)..	11	//	//	//	700,7	
	Zoanlé (observ. dans le village, à mi-hauteur)..	11 30	703,3	28,5	//	702	D'après la moyenne de toutes les observ. faites en ce point : F. 702 ; temp. 30°7.
	Idem................	12 40	702,8	29,5	//	701,3	
	Idem................	16 30	701	30	//	699,5	
	Idem................	18 30	701,2	24,5	//	700,2	
	Idem................	18 45	700,8	33	//	699,7	
	Idem................	19	702,8	22	//	702	
	Bassin du Haut Sassandra :						
6.....	Terrasse savane, au pied du mont Boho.......	21	693,7	29	//	//	
	Idem................	14 35	692,9	31	//	//	
	Mont Boho, pic regardant Zoanlé.........	10 35	672,2	31	//	//	
	Idem................	13 15	671,8	29	//	//	

7.

DATE.	RÉGION ET LOCALITÉ.	HEURE.	FORTIN.	TEMPÉRATURE.	HUMIDITÉ.	ANÉROÏDE.	OBSERV.
			millim.	degrés.		millim.	
1909.	PAYS DES DYOLAS. (*Suite*).						
	Bassin du Haut Sassandra :						
6 mai..	Mont Boho, bouquet de forêt au N. O.	11 40	673,3	28	″	″	Il existe N. O. u nu, her sant p Boho, de 50 m dessus c gardant
	Idem.	12 35	672,5	24	″	″	
	Mont Dou, 1er pic isolé à l'O.	10 30	″	″	″	652,5	
	Idem.	13 15	″	″	″	652,6	
	Mont Dou, 2e pic (extrémité O. de la chaîne visible à Zoanlé).	10 50	″	″	″	652,8	
	Idem.	12 55	″	″	″	651,8	
	Mont Dou, 3e pic (formant nombril sur la chaîne invisible de Zoanlé). . .	12	″	″	″	651,3	
	Idem.	12 45	″	″	″	650,8	
	Terrasse savane au pied du mont Dou.	9 45	″	″	″	668,7	
	Idem.	14 15	″	″	″	668,9	
7.	Vallée du Goué, au pied de Zoanlé.	9	″	″	″	728,5	
	Bâlé, village sur la Nuon Goualé, affluent du Goué.	14 30	713,8	30,5	″	″	
8.	*Idem*.	15 10	713,2	″	orage, pl.	713	
	Mont Ouo, à 5 km. à l'E. de Bâlé.	10	″	″	″	694	La crête c plus ha
	Lit du Do, afflu. du Zô. .		″	″	″	729,5	
	Digoualé.	17 45	725,7	26	″	726	
	Idem.	19 30	727	24,5	″	727	
	Idem.	21 15	727,7	23,7	″	727,8	
9.	*Idem*.	7	″	″	″	728	
	Lit du Zô.	7 20	″	″	″	733,5	
	Col au-dessus du Zô. . . .	9 10	″	″	″	711	

DATE.	RÉGION ET LOCALITÉ.	HEUTE.	FORTIN.	TEMPÉRATURE.	HUMIDITÉ.	ANÉROÏDE.	OBSERVATIONS.
			millim.	degrés.		millim.	
	PAYS DES DYOLAS. (*Suite*)						
1909.	Bassin du Haut Sassandra :						
	Gouélé (village)........	13 15	//	//	//	714,2	
9 mai..	Gouané (village).......	14 30	706,7	28	//	705,3	
	Idem................	17 45	707,5	25	pluie.	707	
	Idem................	19	707,7	21	//	//	
10.....	Lit de la rivière Gouan, allant au Kagoué.....	7 50	//	//	//	731,9	
	Dioandougou (sur le Kô, affluent du Zô).......	10	734,1	27	//	734	Moyenne des observations extrêmes, 734, 1; t. = 28.
	Idem................	12	734,4	30,5	//	//	
	Idem................	13	733,6	32	//	//	
	Idem................	21 30	734,7	24	//	735,8	
12.....	Denpolé (Damapleu)....	10 20	//	//	//	//	
	Ravin à la base de Niangouépleu..........	11	//	//	//	730	
	Niangouépleu..........	14	703	27	//	702,2	
	Idem................	19	704,3	24	//	703,4	
	Idem................	21 30	705,5	24	//	704,8	
13.....	*Idem*................	//	//	//	//	703,8	
	Man (poste)...........	14 30	735	31	//	734,5	
	Idem................	16 15	734,2	30	//	733,8	
	Idem................	20	735,8	26,5	//	735,9	
14.....	*Idem*................	10	735,7	27	//	736,1	
18.....	Zagoué (village dyola perché)............	15	//	//	//	728	
	Idem................	17 30	724,7	29	//	//	
	Idem................	18	724,7	27	//	723,8	
	Idem................	19	725,3	25,2	//	724,3	
	Idem................	21	725,5	24	//	725	
	Mont Zan, près Zagoué (point culminant)....	//	//	//	//	691	
19.....	Entre Zagoué et Sokourala (ligne de partage des eaux entre les bassins du Zô et du Bafing).............	9 40	//	//	//	704	Pour avoir pression Fortin, ajouter 0,9 à anéroïde. Mt Dé, à g. du col 350 m. plus h. Mt Zon, à dr. du col, 400 m. pl h.

DATE.	RÉGION ET LOCALITÉ.	HEURE.	FORTIN.	TEMPÉRATURE.	HUMIDITÉ.	ANÉROÏDE.	OBSERVA
			millim.	degrés.		millim.	
	PAYS DES DYOLAS. (*Suite.*)						
1909.	Bassin du Haut Sassandra :						
19 mai..	Sokourala.............	21 30	714,6	24	//	//	
	Idem................	7	//	//	//	713,3	
	TOURADOUGOU.						
20.....	Entre Sokourala et Sanrou (mam. de granit)..	9 30	//	//	//	701,5	
	Sanrou (village perché à mi-hauteur du vill.)..	13 15	678,7	28	//	676,8	Le sommet lage (p pic) est plus h. a des man vent à 300 m.]
	Idem................	15 30	677,7	28	//	676,1	
	Idem................	16 30	677,5	26	//	676	
	Idem................	18	677,9	21,5	pluie fine.	//	
	Idem................	19	678,7	22,5	//	//	
21.....	Gouétiré (Farafina, vill.).	10	//	//	//	//	Observ. d tenant I
	Rivière Koué (passage entre Farafina et Ouodé, près Gondé)..	13	725	29	frais.	723,6	
	Idem................	14 15	724,2	26	//	722,9	
	Ouodé (ou Ouori, village culminant perché)....	19	687,4	23	//	686,2	Le point c est 8 haut.
	Idem................	20	688,2	22,2	//	686,1	
	Idem................	21 15	689	22,2	//	687,5	
	Idem................	8 15	689	20,2	//	688,5	
22.....	Ruisseau au pied du rocher de Ouodé.......	8 30	//	//	//	700,5	
	Rivière Zon, au pied de Gouréni............	11	//	//	//	721	
	Gouréni (grotte entrée)..	11 30	//	//	//	690	34 m. plu le villa
	Gouréni (village perché au sommet).........	18	//	//	//	687,1	34 m. plu le pic.
	Gouréni (pic accolé au vill.)	16 30	//	//	//	684,2	
	Gouréni (plateau à la base du pic).........	12	//	//	//	698,5	Pour avoi tin Gou grotte e 1mm3 : donné] roïde.

DATE.	RÉGION ET LOCALITÉ.	HEURE.	FORTIN.	TEMPÉRATURE.	HUMIDITÉ.	ANÉROÏDE.	OBSERVATIONS.
			millim.	degrés.		millim.	
1909.	TOURADOUGOU. (*Suite.*)						
22.....	Gouréni (plateau à la base du pic).........	16 30	698,4	25	//	//	
	Idem.................	17 45	698,5	23	//	//	
	Idem.................	18 30	698,5	22,2	//	697,8	
	Idem.................	20 30	699,5	21	//	699	
23.....	*Idem*.................	7	//	//	//	700,7	
	Ruisseau Bri, entre Gouréni et Gouékouma...	8	//	//	//	709,5	
	Gouékouma (place-carrefour au pied du pic)..	13	681	25	//	680,5	
	Idem.................	14	680,3	26	//	679,5	
	Idem.................	16 15	679,4	24	//	679	
	Idem.................	18	680,2	22	//	679,5	
	Idem.................	21	631,3	20,5	//	//	
	Gouékouma (poste à l'entrée du village)......	16 30	//	//	//	675	
	Gouékouma (village perché au som. du vill.)..	17	//	//	//	672,5	Le sommet est 75 m. au dessus de la plaine-carrefour.
24.....	Gouékouma (mam. près de la place-carrefour)..	11 30	//	//	//	//	
	Idem.................	//	//	//	//	678,5	
25.....	Gouékouma (ravin au bas sur la route de Sogui, ruisseau)...........	7 30	//	//	//	//	
	Sogui (village perché)...	15 10	680,8	24	//	679,7	Observation de M. Fleury.
	Idem.................	16 30	680,6	23	//	679,5	
	Idem.................	18 30	680,2	21 6	//	679,5	
	Idem.................	19 30	680,9	21,2	//	680,1	
26.....	Koua ou Kouaté (village un peu perché)......	13 30	717,4	31	//	716,8	
	Idem.................	17 30	717,9	29	//	717,3	
	Idem.................	20 15	718,8	25,2	//	718,8	
27.....	*Idem*.................	7	721,2	24	//	//	
	Idem.................	13	719,5	27	//	//	
	Idem.................	16 30	718,3	29	//	//	

DATE.	RÉGION ET LOCALITÉ.	HEURE.	FORTIN.	TEMPÉRATURE.	HUMIDITÉ.	ANÉROÏDE.	OBSERV
			millim.	degrés.		millim.	
1909.	TOURADOUGOU. (*Suite.*)						
27 mai.	Koua ou Koualé (village un peu perché)......	18 30	718,8	25	//	718,5	Observ. Ripert. 0mm3 : anéroï avoir l
	Mont Doulou..........	14 30	667,1	//	//	//	Ajouter chiffre temp.c
	OUADOUGOU						
28.....	Plaine du Bafing, entre Koualé et Kouroukoro (dépression).........	11	//	//	//	739	
	Kouroukoro (village)....	14 20	731,6	32	//	730,8	
	Idem................	16 15	731	29	//	730	
	Idem................	18 45	732,1	26	//	731,7	
29.....	Dotou (village)........	13 15	738,7	32	//	//	
	Idem................	14 20	741	32 5	//	//	
	Idem................	14 45	740,5	31	//	//	
	Confluent du Sassandra et du Bafing (haut de la berge)...........	15 45	740,2	31	//	//	
	DISTRICT DE SÉGUÉLA.						
31.....	Touna (village)........	19	739,3	28	//	738,9	
	Idem................	20 30	740	25,5	//	739,8	
1er juin.	Sifié (village)..........	20	739	24	//	739,5	
2.....	Diala (Béléni).........	9	//	//	//	734	
	Sommet de la crête de schistes et quartzites, entre Diala et Siakasso.	10	//	//	//	731	
	Siakasso.............	11 30	//	//	//	735	
	Boolo................	14 30	734,4	28	//	734,9	
	Séguéla..............	16 30	731,5	26	//	731,5	
	Idem................	18 30	732	25	//	732,1	
	Idem................	23	734,7	22	pluie.	735	

DATE.	RÉGION ET LOCALITÉ.	HEURE.	FORTIN.	TEMPÉRATURE.	HUMIDITÉ.	ANÉROÏDE.	OBSERVATIONS.
			millim.	degrés.		millim.	
1900.	DISTRICT DE SÉGUÉLA (*Suite.*)						
3 juin.	Séguéla	7 15	734,2	23	//	734,8	
	Idem	13 30	733,5	25	//	734,2	
	Idem	15 45	732,9	25,5	//	733,5	
	Idem	19 15	734,5	22	//	735	
	Idem	20 30	735	22	//	736	
	Idem	7	734,6	22	//	//	
	Rivière Diani, entre Séguéla et Mamouroula	9 30	//	//	//	743	
	NAFANA.						
4	Mamouroula (village)	10 45	//	//	//	739,3	
	Swana (petit village)	11 20	//	//	//	740,2	
	Siana (village, caravansérail)	17 15	735,3	26	humide.	735,8	
	Idem	18	735,5	24	//	735,8	
	Idem	19 35	735,7	23	//	736,2	
	Idem	22 15	736,8	23	//	737,3	
	Soumana	21 40	//	//	//	737	
	Mont Koiri (pic de granit près Soumana)	22	//	//	//	731	
	DISTRICT DE MANKONO.						
5	Nandala	21 30	//	//	//	735	
6	Fleuve Maraoué (pass. entre Nandala et Mankono, haut de la berge)	10 40	//	//	//	744,2	A la même heure, à Mankono, anéroïde marque en général 738,5.
7	Mankono (caravansérail)	9	738,2	25	//	738,5	
9	*Idem*	11 30	737,8	28	//	738,2	Moyenne des 4 observations 736,6.
	Idem	16 30	737,4	27	pluie.	737	
	Idem	17	735,4	24	pluie fine.	736	
	Idem	18	735,6	24	//	736	

DATE.	RÉGION ET LOCALITÉ.	HEURE.	FORTIN.	TEMPÉRATURE.	HUMIDITÉ.	ANÉROÏDE.	OBSERVATI
			millim.	degrés.		millim.	
1909.	DISTRICT DE MANKONO. (*Suite.*)						
14 juin.	Mankono (mamelon au-dessus poste)	9	//	//	//	731,2	Au même mo caravansér. 7
29	Campement de la rivière Béré	21 30	740,6	24	//	//	
30	*Idem*	//	741	23	//	//	
	Dialakoro (village)	13 30	//	//	//	735,8	
	Idem	17 15	//	//	//	734,2	
	Idem	18	734,7	26,5	//	734,9	
	Idem	21 30	735,7	22,5	//	736	
2 juill.	Ruisseau à 6 kilom. O. du Bandama (schistes)	11	//	//	//	747,4	
	Lit du Bandama à Marabadiassa	13	//	//	//	747	
	Idem	14 30	//	//	//	746	
	BAOULÉ (Nord).						
	Marabadiassa (village)	15 30	//	//	//	747,3 ?	Chiffre suspec plique prol Gottoro.
	Idem	18	//	23	//	736,8	
	Idem	22	//	25	//	735,5	
4	Gottoro	13	//	//	//	743,2	
5	*Idem*	6 30	//	//	//	744	
6	Diabbo	7	//	//	//	736,6	
7	Bouaké (poste)	7 30	736,1	22	//	737,3	
	Idem	9 30	736,4	24,5	//	737,6	
	Idem	11	736,2	24,5	//	737,2	
	Idem	13	735,5	25,5	//	736,5	
	Idem	15	734,3	26	//	735,8	
	Idem	16	735,2	26,5	//	735,8	
	Idem	19	735,3	24	//	736,2	
	Idem	21	735,5	24	//	736,5	
8	*Idem*	7	735,6	21,5	//	737	

DATE.	RÉGION ET LOCALITÉ.	HEURE.	FORTIN.	TEMPÉRATURE.	HUMIDITÉ.	ANÉROÏDE.	OBSERVATIONS.
			millim.	degrés.		millim.	
1909.	BAOULÉ (Nord) [*Suite.*]						
9 juill.	Bouaké (poste).........	20	735,9	23	//	736,7	
10.....	*Idem*................	9	736,8	22,5	//	738,2	
	Idem................	12	736,6	24	//	737,8	
	Idem................	14	735,7	25	//	737	
11.....	*Idem*................	8	737	23	//	738	
	Idem................	11	737,1	24	//	738	
	Idem................	12 15	736,2	25	//	737	
	Idem................	13 15	735,4	26	//	736	
	Idem................	14 15	734,5	26,5	//	735,2	
15.....	*Idem*................	7 30	735,5	22,5	//	736,8	
25.....	Langouassou (anc. poste).	13	741,3	27,5	//	742	
	Idem................	15 30	741,1	26	//	741,8	
	Idem................	17	740,5	25	//	741	
	Idem................	17 30	740,1	24	//	741	
	Idem................	21	742	22,7	//	742,7	
26.....	Naokro..............	9 30	//	//	//	747,5	
	Bords du Nzi, près Fétékro...............	11	//	//	//	749,5	
	Fétékro (campement)....	12 45	750,5	29,3	//	751,1	
	Idem................	14 45	749,5	28,6	//	750	
	Idem................	15 45	749,1	28,5	//	749,7	
	Idem................	17	749,3	27	//	//	
	Idem................	19	750	25	//	750,9	
	Idem................	21 15	751,8	24	//	752,5	
27.....	*Idem*................	7	752,1	23	//	754	
	Idem................	11 30	752,8	26	//	753,8	
	Idem................	16	//	28,5	//	752	
	Idem................	17 30	751,4	25,5	//	752,5	
	Idem................	21	752,8	22	//	754	
	Mont Kongoroma (boka)..	10	//	//	//	738	
26.....	Mont Kankani (boka)...	17	//	//	//	740,2	Fleury observateur.
	Mont Diagnio gnio......	18	//	//	//	740,4	
28.....	Tiébissou-Agoua........	13	748,1	26	//	749,1	
	Idem................	14 15	747,9	26	//	748,7	

DATE.	RÉGION ET LOCALITÉ.	HEURE.	FORTIN.	TEMPÉRATURE.	HUMIDITÉ.	ANÉROÏDE.	OBSERVA[TIONS]
			millim.	degrés.		millim.	
1909.	BAOULÉ (Nord). [*Suite.*]						
28 juill.	Tiébissou-Agoua........	18	747	23,5	//	748,4	
	Idem................	21	747,8	23	//	749,1	
29.....	Languira............	8 45	748,3	24,2	//	749,2	
	Idem................	10	748,1	25	//	//	
	Idem................	12	747,1	26,8	//	748,2	
	Idem................	14	746	26,8	//	747	
	Idem................	15	745,3	28,2	//	746,1	
	Mont Mgo, près Languira (1er mamelon)..	//	//	//	//	736,6	
	Mont Mgo, près Languira (2e mamelon)...	//	//	//	//	735,2	
	Mont Mgo, près Languira (3e mamelon)...	//	//	//	//	733,2	
30.....	Bounda..............	9 25	//	//	//	744,2	
	Mont de Lassan........	9 45	//	//	//	729,8	
	Bouakro.............	12	746	24	//	747	
	Idem................	17	744,3	24,2	//	745,5	
	Idem................	18 30	744,6	23,2	//	746	
	Idem................	20 30	745,8	22,8	//	747,1	
31.....	Passage de la rivière Soungounou.........	10	//	//	//	755	
10 août.	Kodiokoffi (poste)......	16	750,2	26,2	//	751,8	
	Idem................	20	750,8	24	//	752,3	
11.....	*Idem*................	7 30	752	22,8	//	754,2	
	Idem................	11 15	752,1	26,9	//	753,5	
	Idem................	13 30	750,3	28,2	//	751,9	
	Idem................	16	749,5	27,8	//	750,9	
	Idem................	21 30	750,9	23,5	//	752,5	
12.....	Konodiokro (caravansérail)...............	13 15	749,8	27,5	//	750	
	Idem................	15	748,8	27,1	//	749,1	
	Idem................	16 15	748,1	26,6	//	749	
	Idem................	19 45	748	23	//	749,2	
13.....	Touminiané...........	10 30	754	26,8	//	755,2	

DATE.	RÉGION ET LOCALITÉ.	HEURE.	FORTIN.	TEMPÉRATURE.	HUMIDITÉ.	ANÉROÏDE.	OBSERVATIONS.
			millim.	degrés.		millim.	
1909.	BAOULÉ (Nord). [*Suite.*]						
13 août.	Toouminiané	13 15	752,7	27	//	753,8	
	Idem	16	752	26,1	//	753,1	
	Idem	18 15	752,1	24,9	//	753,7	
	Idem	20	753,1	23,6	//	754,1	
	BAOULÉ (Sud).						
14	Angouakoukro	11	753,3	26,8	//	754,9	
	Idem	14 30	751,9	25	//	753,8	
	Idem	16	751,4	26,5	//	753,3	
	Idem	18 30	752,7	23	//	754	
	Idem	20	753	22	//	754,8	
17	Toumodi (poste)	6 30	749,8	23	//	751,6	
	Idem	11 10	750,2	24,2	//	751,9	
	Idem	13	749,2	25,9	//	750,9	
	Idem	16	749,1	22,8	//	750,9	
	Idem	17 30	749,5	22,2	//	751,6	
	Idem	20	750,5	22	//	752,3	
18	*Idem*	6 30	751	22,1	//	753	
	Idem	8 30	751,5	23	//	753,9	
	Idem	14 30	749,1	28,2	//	751	
19	*Idem*	7	750,7	23	//	752,8	
	Idem	19	750,8	23,1	//	751,5	
20	*Idem*	6 40	752,2	22,8	//	753,9	
	Idem	8	752,1	25	//	754,2	
	Idem	9 30	751,8	26,1	//	753,8	
	Idem	11 30	749,9	28	//	752,1	
	Idem	14	750,3	27,5	//	751,8	
	Idem	16 20	749,5	26,2	//	751,1	
	Idem	19	750,7	24	//	752,1	
21	*Idem*	6 30	751,2	23	//	753,1	
	Idem	7 30	751,8	24	//	753,8	
	Idem	9 30	751,8	26,4	//	753,7	
	Idem	14	749,8	29,5	//	750,9	

DATE.	RÉGION ET LOCALITÉ.	HEURE.	FORTIN.	TEMPÉRATURE.	HUMIDITÉ.	ANÉROÏDE.	OBSERVAT[IONS]
			millim.	degrés.		millim.	
1909.	BAOULÉ (Sud). [*Suite.*]						
21 août.	Toumodi (poste)	15 30	748,9	29	//	750,2	
	Idem	16 30	748,5	26	//	750,1	
	Idem	18	749	24,9	//	750,9	
22	*Idem*	6 30	749,8	22,2	//	752	
	Idem	8	750	23,7	//	752	
	Idem	9	750,6	24	//	752,6	
	Idem	11	750,6	27	//	752,3	
	Idem	12	750	27,8	//	751,8	
	Idem	14	749	28,8	//	750,2	
	Idem	16 30	748,2	28	//	749,8	
	Idem	18	748,3	26	//	750	
	Idem	19 30	748,6	25	//	750,3	
	Idem	20 30	749,5	24,8	//	751,2	
23	*Idem*	7 30	750,6	22,9	//	752,8	
	Idem	9 30	751,6	23	//	753,8	
	Idem	11 30	751,3	24	//	753,1	
	Idem	12 30	750,5	25	//	752,4	
	Idem	14	749,5	25,1	//	751,2	
	Idem	15	749	24,3	//	750,9	
	Idem	16 30	748,8	26	//	750,3	
	Idem	18	748,9	24,3	//	750,9	
	Idem	20 30	750	22,8	//	752	
24	*Idem*	7 15	751,6	22,2	//	753,9	
	Idem	8 15	751,9	24	//	754	
	Idem	11	752	24,8	//	754	
	Idem	12 20	751,3	25,1	//	753,3	
	Idem	14	750,5	27	//	752,1	
	Idem	17	749,9	26,3	//	751,7	
	Idem	18 15	750,5	24	//	752,6	
	Idem	20	751,3	23	//	753,7	
25	*Idem*	7 30	752,4	23	//	754,9	
	Idem	10 30	753,3	26,1	//	755,1	
	Idem	12	752,4	27	//	754,1	

DATE.	RÉGION ET LOCALITÉ.	HEURE.	FORTIN.	TEMPÉRATURE.	HUMIDITÉ.	ANÉROÏDE.	OBSERVATIONS.
			millim.	degrés.		millim.	
1909.	BAOULÉ (Sud). [*Suite.*]						
25 août.	Toumodi (poste)........	14	751,9	27	//	753	
	Idem................	15 15	750,6	27	//	752	
	Idem................	18	749,9	25,8	//	751,9	
	Idem................	21 30	750,9	23	//	753	
26.....	*Idem*................	7 30	751,1	23	//	753,9	
	Idem................	8 45	751,8	23,2	//	754,1	
	Idem................	10 30	751,6	24	//	754	
	Idem................	14	749,2	26,1	//	751,2	
	Idem................	15 30	748,6	27,1	//	750,4	
	Idem................	17	748,7	26,8	//	750,5	
	Idem................	18	748,9	25,2	//	750,9	
	Idem................	20	749,2	24,2	//	751,2	
27.....	*Idem*................	7 45	749,4	22,7	//	751,9	
	Idem................	9 30	749,9	25	//	751,9	
	Idem................	10 30	750,1	25	//	752	
	Idem................	12 30	749	25	//	751	
	Idem................	13 30	748,5	25,6	//	750,2	
	Idem................	15	747,9	25	//	749,9	
	Idem................	16 30	747,8	24	//	749,9	
	Idem................	18 50	748,2	23	//	750,4	
	Idem................	20 30	748,6	22,8	//	751	
28.....	*Idem*................	7	749,7	22	//	752,1	
	Idem................	8 15	750,6	23	//	752,8	
	Idem................	14	749,4	26,9	//	750,9	
1910.	HAUT-DAHOMEY.						
9 juin..	Djougou................	14 30	727,1	27	//	726,8	
	Idem................	19	725,3	26	//	726,2	
	Idem................	22 30	726,3	25	//	727	
10.....	Pobégou................	11	722,3	28	//	723	
	Idem................	15	721	30	//	721,5	
	Idem................	19	721,2	28	//	721,8	
	Idem................	5	720,4	24	//	721,2	Source de l'Ouémé env. 50 m. pl. h.

DATE.	RÉGION ET LOCALITÉ.	HEURE.	FORTIN.	TEMPÉRATURE.	HUMIDITÉ.	ANÉROÏDE.	OBSERVATIO
			millim.	degrés.		millim.	
1910.	HAUT-DAHOMEY. (*Suite.*)						
11 juin.	Birni................	12	727	30	//	//	
	Idem................	17 30	725 7	29	//	726,2	
	Idem................	19 30	726,3	28	//	726,5	
12.....	Nioro................	16	725,9	31	//	727	
	Idem................	22	726,5	23	//	728	
13.....	Kouandé (poste)........	17 45	724	29	//	725,8	
	Kouandé (som. du mont)..	18 30	//	//	//	715,6	
	Kouandé (poste)........	19	//	//	//	726,2	
14.....	*Idem*................	6 30	725	28	//	726	
15.....	Farfa................	17 30	718,7	32,5	//	//	
	Idem................	19	718,2	30	//	//	
	Idem................	21	718,6	25	//	//	
16.....	Farfa à Toukountouna (fond du vallon).....	10	//	//	//	733,8	
	Toukountouna (vill. près Mossitengou)........	10 30	731,2	30	//	732	
	Idem................	17	729	31	//	729,4	Pluie.
	Idem................	18	729	26	//	729,5	Fin de la plui
17.....	Toukountouna (pays somba en haut de la montagne)..........	9	//	//	//	717,5	Les monts vois 50 m. plus h
	Tangueita (village au pied d'une falaise).....	17	741,4	31	//	742,5	
	Idem................	18 30	741,9	31	//	743	
	Idem................	22	742,7	28	//	744	
18.....	Tangueita (haut de la falaise)............	8	//	//	//	730,2	
19.....	Koudingou (pays somba)..	9 30	//	//	//	733	
20.....	Koubougou (pic)........	8	//	//	//	722	
	Sources de la Pedjari....	9 15	722,2	30	//	723,7	
	Ouandoukouana (Sombas)...............	17	713,6	30	//	715,2	
	Idem................	20	714,2	26	//	//	
21.....	Nasitingou (pied de la falaise)............	9	//	//	//	727,5	La falaise se dr de 100 m.

DATE.	RÉGION ET LOCALITÉ	HEURE.	FORTIN.	TEMPÉRATURE.	HUMIDITÉ.	ANÉROÏDE.	OBSERVATIONS.
1910.	HAUT-SÉNÉGAL ET NIGER (Soudan).		millim.	degrés.		millim.	
4 juill.	Konkobiri (Gourma)....	7 30	746,8	25	"	748,8	
	Idem..............	14	745,5	30	"	746,2	
	Idem..............	19	742,5	24,5	"	744,8	
5.....	Konkion Yoman........	12 30	"	"	"	748	Le curseur du Fortin ne pouvant plus se déplacer, les observ. avec cet instrument ont été interrompues à cette date.
	Idem..............	17 30	"	"	"	746,5	
	Idem..............	19 30	"	"	"	746,2	
	Idem..............	20 15	"	"	"	746,8	
6.....	*Idem*..............	6	"	"	"	746,8	
	Compongou...........	10	"	"	"	746	
	Idem..............	12 30	"	"	"	745,8	
	Idem..............	19 30	"	"	"	743,5	
8.....	Kodjar..............	16	"	32	"	740,2	
	Idem..............	19	"	27	"	741,2	
9.....	Diapaga.............	16 30	"	"	"	738	
13.....	*Idem*..............	6	"	"	"	743,8	
	Gargalenti..........	12	"	"	"	740,8	
16.....	Bépiéma.............	6	"	"	"	743	
	Nasougou............	7 30	"	"	"	743,5	
	Idem..............	12	"	"	"	743,5	
	Idem..............	12 15	"	"	"	744	
17.....	*Idem*..............	6	"	"	"	742,5	
26.....	Fada................	6	"	"	"	741	
29.....	Koupéla.............	16	"	"	"	737,1	
30.....	*Idem*..............	16	"	"	"	738,2	
	Zapara..............	20 15	"	"	"	738	
31.....	Zorgo...............	10	"	"	"	739,8	
	Idem..............	15	"	"	"	737,5	
	Idem..............	15 30	"	"	"	737,2	
1er août.	*Idem*..............	6	"	"	"	738,5	
31 juill.	Mont Zonga pignié (som.)	16 30	"	"	"	731,2	
2 août.	Ouagnan.............	13	"	"	"	739,8	
	Idem..............	14	"	"	"	739,3	
	Idem..............	17 30	"	"	"	739,3	

DATE.	RÉGION ET LOCALITÉ.	HEURE.	FORTIN.	TEMPÉRATURE.	HUMIDITÉ.	ANÉROÏDE.	OBSERVATIO
			millim.	degrés.		millim.	
1910.	HAUT-SÉNÉGAL ET NIGER (Soudan). [*Suite.*]						
2 août.	Ouagnan	19	//	//	//	739,5	
3	*Idem*	6	//	//	//	740,5	
	Vallée de la Volta	9	//	//	//	744,8	
	Linoré	14	//	//	//	739,9	
4	*Idem*	5 30	//	//	//	740,5	
	Gampéla	20 30	//	//	//	741	
5	*Idem*	6	//	//	//	742	
6	Ouagadougou	6 30	//	//	//	740,5	
	Idem	9 15	//	//	//	740,7	
	Idem	20	//	//	//	739	
7	*Idem*	7 30	//	//	//	740,3	
	Idem	18	//	//	//	738,8	
14	*Idem*	17	//	//	//	738	
21	Bongouanon	14	//	//	//	734,7	
26	Ouahigonya	9	//	//	//	737,5	
28	Bango	6 30	//	//	//	736	
29	Thou	12	//	//	//	737	
30	Kiri	12	//	//	//	742,3	
	Idem	14	//	//	//	741,3	
	Idem	19 30	//	//	//	741,7	
31	*Idem*	6	//	//	//	742	
1er sept.	Koboro Kendé	14	//	//	//	739,8	
2	Kankoboli (près de la falaise)	14 30	//	//	//	735,8	
	Idem	16	//	//	//	736	
	Idem	20	//	//	//	739	
3	*Idem*	6	//	//	//	737,2	
	Kankoboli (haut de la falaise)	6 30	//	//	//	732,2	
	Sommet de la chaîne, entre les kilom. 91 et 92	9	//	//	//	721	
	Rivière à 1 h. 30 de Bandiagara	10	//	//	//	727,5	

TABLEAU N° 2.

ALTITUDES

CALCULÉES D'APRÈS LES OBSERVATIONS AU BAROMÈTRE FORTIN PAR LE BUREAU CENTRAL MÉTÉOROLOGIQUE.

DATES.	POINTS.	ALTITUDES. OBSERVATIONS. par CONAKRY. Alt. : 16m,0. Cg : 1mm,86.	ALTITUDES. OBSERVATIONS. par SAINT-LOUIS. Alt. : 2m,5. Cg : 1mm,67.	DIFFÉRENCES EN PLUS. CONAKRY.	DIFFÉRENCES EN PLUS. SAINT-LOUIS.
1909.		mètres.	mètres.	mètres.	mètres.
16 janv.	Faranah (poste)	374,7	386,0	//	11,3
17....	*Idem*	375,9	388,1	//	12,2
18....	Faranah (poste et rive du Niger)	382,3	396,8	//	14,5
19....	Faranah (poste)	378,9	391,3	//	12,4
20....	*Idem*	373,2	*399,0*	//	*25,8*
	Faranah (poste). Altitude moyenne.	**377,0**	**392,2**	//	**15,2**
22....	Laya-Santa (village)	363,3	*394,1*	//	*30,8*
24....	Socourala	388,3	404,2	//	15,9
26....	Sambadougou	442,7	452,8	//	10,1
28....	Nérécoro (village à flancs de rochers).	564,6	573,0	//	8,4
30....	Timbikounda (borne près la source)	689,6	*709,8*	//	*20,2*
31....	*Idem*	679,6	*708,4*	//	*28,8*
	Timbikounda (bne p. la sce). Alt. mne.	**684,6**	**709,1**	//	**24,5**
31....	Farakoro (village)	564,1	*592,9*	//	*28,8*
1er fév..	Sarafinian (poste douanier)	500,0	505,6	//	5,6
2.....	Koubikoro (village)	502,7	507,1	//	4,4
3.....	Pied du mont Loumban	612,7	621,1	//	8,4
4.....	Bambaya (village)	502,2	509,5	//	7,3
8.....	Kissidougou (fort)	446,8	456,3	//	9,5
18....	Dioromandou	517,1	530,1	//	13,0
18....	Koundian	554,6	567,6	//	13,0
20....	Ouria (caravansérail)	567,5	579,4	//	11,9
21....	Samponyara (fortin)	611,1	623,4	//	12,3

DATES.	POINTS.	ALTITUDES.			
		OBSERVATIONS.		DIFFÉRENCES EN	
		par CONAKRY. Alt. : 16m,0. Cg : 1mm,86.	par SAINT-LOUIS. Alt. : 2m,5. Cg : 1mm,67.	CONAKRY.	SAINT
		mètres.	mètres.	mètres.	m
1909.					
23 fév..	Diorodougou....................	480,4	493,6	//	1
25....	Kesséridougou..................	776,2	770,2	6,0	
27....	Sosabala.......................	551,3	551,8	//	
	Diendédou (village).............	621,6	622,1	//	
28....	Nionsomoridou (caravansérail)......	569,4	580,6	//	1
4 mars.	Beyla..........................	593,9	*611,9*	//	1
5.....	*Idem*..........................	590,6	*588,1*	2,5	
	Beyla.......... Altitude moyenne.	**592,2**	**600,0**	//	
14....	Manankoro (village).............	630,8	639,9	//	
15....	Boola (village).................	520,2	530,0	//	
19....	Guéaso.........................	415,4	428,6	//	1
20....	Moussadougou...................	414,0	426,6	//	1
23....	Gouiakoulé.....................	463,8	463,9	//	
24....	Nzô............................	380,1	386,0	//	
2 avril.	Camp de la Mission à demi-hauteur de la Grande Cascade (gneiss).......	455,9	465,4	//	
9.....	Danané (Fort Hittos, poste)........	301,6	312,8	//	1
10....	*Idem*..........................	299,3	300,8	//	
11....	*Idem*..........................	300,7	314,7	//	1
12....	*Idem*..........................	300,6	314,7	//	1
	Danané (Ft Hittos, pte).. Alt. moyne.	**300,5**	**310,7**	//	**1**
23....	Mont Kouan (2e mamelon).........	297,0	298,1	//	
25....	Pont du Cavally (au nord de Danané).	296,0	297,3	//	
	Goutokouma.....................	333,5	334,8	//	
26....	Oua (marché)...................	287,3	288,9	//	
28....	Gouro (village).................	356,2	369,4	//	1
29....	Terrasse à la base du mont Momy (côté Nord-Est)...............	764,6	780,6	//	1
1er mai.	Gouékangounié..................	611,6	613,3	//	
2.....	Mont Dô [Dotou] (1er pic au Sud)....	847,4	849,8	//	
4.....	Flanc Nord du mont Goueia........	693,9	704,3	//	1
	Drouplé........................	608,4	618,8	//	1

DATES.	POINTS.	ALTITUDES. OBSERVATIONS. par CONAKRY. Alt. : 16m,0. Cg : 1mm,86.	par SAINT-LOUIS. Alt. : 2m,5. Cg : 1mm,67.	DIFFÉRENCES EN PLUS. CONAKRY.	SAINT-LOUIS.
		mètres.	mètres.	mètres.	mètres.
1909.					
5 mai..	Zoanlé..........................	606,7	620,0	//	13,3
6.....	*Idem*..........................	613,6	617,3	//	3,7
	Zoanlé......... Altitude moyenne.	**610,2**	**618,6**	//	**8,4**
6.....	Terrasse savane au pied du mont Boho.	699,6	703,3	//	3,7
	Mont Boho (pic regardant Zoanlé)...	922,1	925,8	//	3,7
8.....	Digoualé.......................	357,2	352,0	5,2	//
9.....	Gouané (village)................	553,2	553,6	//	0,4
10....	Dioandougou....................	280,8	280,2	0,6	//
12....	Niangouépleu...................	591,2	589,0	2,2	//
13....	Man (poste)....................	269,4	272,1	//	2,7
18....	Zagoué (village dyola perché).......	369,6	366,7	2,9	//
20....	Sanrou (village perché, à demi-hauteur du village)..................	862,4	864,2	//	1,8
21....	Rivière Koué (passage entre Farafina et Ouodé, près Gondé)..........	372,2	377,4	//	5,2
21....	Ouodé *ou* Ouori (village perché).....	753,7	758,9	//	5,2
22....	Gouréni (plateau à la base du pic)...	638,1	651,1	//	13,0
23....	Gouékouma (place-carrefour au pied du pic)..........................	837,0	846,3	//	9,3
25....	Soqui (village perché).............	840,8	841,6	//	0,8
26....	Koua *ou* Koualé (village un peu perché).........................	440,0	441,8	//	1,8
27....	Koua...........................	427,5	426,2	1,3	//
	Koua.......... Altitude moyenne.	**433,7**	**434,0**	//	**0,3**
28....	Kouroukoro (village)..............	302,2	301,9	0,3	//
29....	Dotou (village).................	225,2	218,2	7,0	//
31....	Touna (village).................	221,6	223,3	//	1,7
2 juin..	Séguéla........................	292,7	278,8	13,9	//
3.....	*Idem*..........................	278,3	264,4	13,9	//
	Séguéla........ Altitude moyenne.	**285,5**	**271,6**	**13,9**	//
4.....	Siana (village, caravansérail).......	265,1	259,0	6,1	//
9.....	Mankono (caravansérail)...........	263,9	273,4	//	9,5

DATES.	POINTS.	ALTITUDES.			
		OBSERVATIONS.		DIFFÉRENCES EN PL	
		par CONAKRY. Alt. : 16m,0. Cg : 1mm,86.	par SAINT-LOUIS. Alt. : 2m,5. Cg : 1mm,67.	CONAKRY.	SAINT-LO
1909.		mètres.	mètres.	mètres.	mètre
30 juin.	Dialakoro (village)...............	275,6	268,0	7,6	//
7 juill..	Bouaké (poste)..................	286,8	*265,7*	*21,1*	//
10....	Bouaké........................	291,1	*257,5*	*33,6*	//
11....	*Idem*..........................	299,8	*267,1*	*32,7*	//
	Bouaké........ Altitude moyenne.	**292,6**	**263,4**	**29,2**	//
25....	Langouassou (ancien poste).........	238,1	226,6	11,5	//
26....	Fétékro (campement).............	141,6	124,4	17,2	//
27....	*Idem*..........................	137,6	*108,7*	28,9	//
	Fétékro........ Altitude moyenne.	**139,6**	**116,6**	**23,0**	//
28....	Tiébissou-Agoua.................	187,4	*166,2*	*21,2*	//
29....	Languira.......................	189,8	*167,6*	*22,2*	//
30....	Bouakro........................	190,6	*165,8*	*24,8*	//
10 août.	Kodiokoffi (poste)...............	138,6	121,4	17,2	//
11....	*Idem*..........................	138,1	119,0	19,1	//
	Kodiokoffi...... Altitude moyenne.	**138,4**	**120,2**	**18,2**	//
12....	Konodiokro (caravansérail)..........	158,2	*129,7*	*28,5*	//
13....	Touminiané.....................	111,9	*91,0*	*20,9*	//
14....	Angouakoukro...................	121,5	107,1	14,4	//
17....	Toumodi (poste).................	128,6	120,2	8,4	//
18....	*Idem*..........................	129,8	**84,9**	**44,9**	//
19....	*Idem*..........................	138,9	123,6	15,3	//
20....	*Idem*..........................	139,7	126,3	13,4	//
21....	*Idem*..........................	134,8	**90,1**	**44,7**	//
22....	*Idem*..........................	137,2	*96,2*	*41,0*	//
23....	*Idem*..........................	133,7	*111,9*	*21,8*	//
24....	*Idem*..........................	137,8	*113,8*	*24,0*	//
25....	*Idem*..........................	135,9	*97,7*	*38,2*	//
26....	*Idem*..........................	148,8	**111,5**	**37,3**	//
27....	*Idem*..........................	148,4	120,9	27,5	//
28....	*Idem*..........................	131,7	108,8	22,9	//
	Toumodi....... Altitude moyenne.	**137,1**	**108,8**	28,3	//

DATES.	POINTS.	ALTITUDES.			
		OBSERVATIONS.		DIFFÉRENCES EN PLUS.	
		par CONAKRY. Alt. : 16m,0. Cg : 1mm,86.	par Gd-BASSAM. Alt. : 6m (?). Cg : 1mm94.	CONAKRY.	Gd-BASSAM.
		mètres.	mètres.	mètres.	mètres.
1910.					
9 juin..	Djougou	362,4	359,0	3,4	//
10....	Pobégou........................	412,3	413,1	//	0,8
11....	Birni........................	359,4	345,4	14,0	//
12....	Nioro........................	368,4	349,6	18,8	//
15....	Farfa........................	454,0	438,5	15,5	//
16....	Toukountouna (près Mossitengou)...	341,9	316,7	25,2	//
17....	Tangueita (village au pied d'une falaise)........................	218,1	201,4	16,7	//
4 juill..	Konkobiri........................	195,3	171,0	24,3	//
8.....	Kodjar........................	228,5	229,2	//	0,7

TABLEAU N° 3.

ALTITUDES

CALCULÉES D'APRÈS LES OBSERVATIONS DE L'ANÉROÏDE RAMENÉES AU BAROMÈTRE FORTIN PAR LE BUREAU CENTRAL MÉTÉOROLOGIQUE.

DATES.	POINTS.	ALTITUDES. OBSERVATIONS. par CONAKRY. Alt. : 16m,0. Cg : 1mm,86.	par SAINT-LOUIS. Alt. : 2m,5. Cg : 1mm,67.	DIFFÉRENCES EN PLU[S]. CONAKRY.	SAINT-LOU[IS].
		mètres.	mètres.	mètres.	mètres.
1909.	CÔTE D'IVOIRE.				
29 avril.	Cascade du ruisseau du Momy	356,9	372,9	//	16,0
1er mai.	Douapleu (village)	549,9	551,6	//	1,7
6	Mont Dou (1er pic isolé à l'Ouest)	1151,6	1155,3	//	3,7
	Mont Dou (2e pic, extrémité Ouest de la chaîne visible de Zoanlé)	1153,6	1157,3	//	3,7
	Mont Dou (3e pic, formant nombril, sur la chaîne invisible de Zoanlé)	1168,1	1171,8	//	3,7
	Terrasse savane au pied du mont Dou	970,1	973,8	//	3,7
8	Goualé	491,7	486,5	//	5,2
20	Sokourala	479,9	481,7	//	1,8
30 juin.	Dialakoro (village)	284,6	277,0	7,6	//
2 juill.	Lit du Bandama à Marabadiassa	178,4	164,0	14,4	//
	Marabadiassa (village)	255,6	241,2	14,4	//
		par CONAKRY. Alt. : 16m,0. Cg : 1mm,86.	par Gd-BASSAM. Alt. : 6m (?). Cg : 1mm94.	CONAKRY.	Gd-BASSA[M].
		mètres.	mètres.	mètres.	mètres.
1910.	DAHOMEY ET MOSSI.				
20 juin.	Ouandoukouana (Sombas)	497,4	486,5	10,9	//
5 juill.	Konkion-Yoman	192,1	169,7	22,4	//

DATES.	POINTS.	ALTITUDES. OBSERVATIONS. par CONAKRY. Alt. : 16m,0. Cg : 1mm,86.	par Gd-BASSAM. Alt. : 6m (?). Cg : 1mm94.	DIFFÉRENCES EN PLUS. CONAKRY.	Gd-BASSAM.
		mètres.	mètres.	mètres.	mètres.
1910.					
6 juill..	Compougou....................	201,8	185,5	16,3	//
16....	Nasougou.....................	456,6	438,5	18,1	//
31....	Zorgo........................	278,7	263,9	14,8	//
2 août.	Ouagnan......................	251,7	247,5	4,2	//
3.....	Linoré.......................	255,1	242,4	12,7	//
6.....	Ouagadougou..................	258,6	240,9	17,7	//
7.....	*Idem*........................	255,9	246,9	9,0	//
	Ouagadougou... Altitude moyenne.	**257,2**	**243,9**	**13,3**	//
30....	Kiri.........................	236,6	*205,0*	*31,6*	//
2 sept..	Kankoboli (pied de la falaise)......	270,8	*249,5*	*21,3*	//

TABLEAU N° 4.

ALTITUDES

CALCULÉES AVEC UNE SEULE OBSERVATION

PAR LE BUREAU CENTRAL MÉTÉOROLOGIQUE.

DATES.	POINTS.	ALTITUDES. OBSERVATIONS. par CONAKRY. Alt. : 16^{m},0. Cg : 1^{mm},86.	par SAINT-LOUIS. Alt. : 2^{m},5. Cg : 1^{mm},67.	DIFFÉRENCES EN PL CONAKRY.	SAINT-LO
		mètres.	mètres.	mètres.	mètres
1909.					
10 janv.	Kaba (poste télégraphique).........	313,2	346,6	//	33,4
22....	Tindo (village)..................	355,6	386,4	//	30,8
	Kamaria (village)................	343,6	374,4	//	30,8
	Laya-Dongoula (village)...........	365,6	396,4	//	30,8
	Mamelon près Laya-Santa..........	397,6	428,4	//	30,8
23....	Mafindi-Kabaya...................	375,8	377,6	//	1,8
	Mamelon près Socourala...........	422,8	424,6	//	1,8
25....	Bangagna (village abandonné).......	379,3	392,6	//	13,3
	Manankolia.......................	401,3	414,6	//	13,3
	Kamaro..........................	425,3	438,6	//	13,3
	Vallée du Faliko, près Foréboria....	417,3	430,6	//	13,3
	Foréboria........................	422,3	435,6	//	13,3
26....	Guéroya.........................	414,4	424,5	//	10,1
27....	Sambadougou (col)...............	500,8	503,5	//	2,7
	Mamelon vers Bambadou...........	556,8	559,5	//	2,7
	Bambadou (village)...............	540,8	543,5	//	2,7
	Col sur route Boria..............	566,8	569,5	//	2,7
	Vallée du Faliko, près Boria.......	531,8	534,5	//	2,7
	Boria (village; tombe du capitaine Rudolph Mac Kee)...............	559,8	562,5	//	2,7
	Crête à la frontière..............	625,8	628,5	//	2,7
	Donkoria........................	603,8	606,5	//	2,7
	Dandafarra, au pied du mont Kola (village)......................	528,8	531,5	//	2,7

DATES.	POINTS.	ALTITUDES. OBSERVATIONS. par CONAKRY. Alt. : 16m,0. Cg : 1mm,86.	par SAINT-LOUIS. Alt. : 2m,5. Cg : 1mm,67.	DIFFÉRENCES EN PLUS. CONAKRY.	SAINT-LOUIS.
1909.		mètres.	mètres.	mètres.	mètres.
28 janv.	Dandafarra, au pied du mont Kola (village)	502,1	510,5	//	8,4
	Dandafarra ..... Altitude moyenne.	**515,4**	**521,0**	//	**6,4**
28....	Guirimba	407,1	415,5	//	8,4
29....	Souradou (village)	617,7	622,4	//	4,7
	Mamelon de Souradou, au Sud	702,7	707,4	//	4,7
	Col au pied du Taforé	832,7	837,4	//	4,7
	Soukourala (village)	715,7	720,4	//	4,7
	Borne de Timbikounda, au-dessus de Timbiko	794,7	799,4	//	4,7
30....	*Idem*	773,1	793,3	//	20,2
	Borne de Timbikounda.. Alt. moyne.	**783,9**	**796,3**	//	**12,4**
30....	Mont Soulou (sommet)	852,1	872,3	//	20,2
	Mont Konaba (sommet)	866,1	886,3	//	20,2
	Mont Taforo (sommet)	935,1	955,3	//	20,2
2 fév...	Sarafinian (au bas du village)	495,2	499,6	//	4,4
3.....	Vallée de la Méli, près Bafaria	373,2	381,6	//	8,4
5.....	Kindékoro	507,0	519,5	//	12,5
	Sansando (mamelon près village)	572,0	584,5	//	12,5
	Kirimoria	485,0	497,5	//	12,5
6.....	*Idem*	473,1	477,8	//	4,7
	Kirimoria ...... Altitude moyenne.	**479,1**	**487,7**	//	**8,6**
6.....	Soundia	462,1	466,8	//	4,7
	Soundia (haut de la montée)	528,1	532,8	//	4,7
	Massakondo (chef-lieu de canton)	460,1	464,8	//	4,7
	Massakoundou-Dougoula	464,1	468,8	//	4,7
7.....	Koundian	447,6	454,7	//	7,1
	Vallée du Niandan	430,6	437,7	//	7,1
	Songo	431,6	438,7	//	7,1
18.....	Doundian	454,6	467,6	//	13,0
	Rivière Kokourou	426,6	439,6	//	13,0
	Bendou	452,6	465,6	//	13,0

DATES.	POINTS.	ALTITUDES. OBSERVATIONS. par CONAKRY. Alt. : 16m,0. Cg : 1mm,86.	par SAINT-LOUIS. Alt. : 2m,5. Cg : 1mm,67.	DIFFÉRENCES EN PLU[S] CONAKRY.	SAINT-LOU[IS].
		mètres.	mètres.	mètres.	mètres
1909.					
18 fév..	Rivière Waou (affluent du Makona)..	420,6	433,6	//	13,0
	Butte au-dessus d'Ouria............	654,6	667,6	//	13,0
22....	Mokomaï........................	568,4	557,0	11,4	//
	Bérézia..........................	525,4	514,0	11,4	//
23....	Passage de la rivière Makona........	469,4	482,6	//	13,2
	Lofoniando........................	479,4	492,6	//	13,2
	Niaguésou.........................	487,4	500,6	//	13,2
	Kondéla..........................	496,4	509,6	//	13,2
24....	Col de Diorodougou à Gouégouésinama.	553,4	563,6	//	10,2
	Gouégouésinama (village)..........	650,4	660,6	//	10,2
	Mamelon voisin de Gouégouésinama..	716,4	726,6	//	10,2
	Mamelon près Mangagnimadou (col)..	668,4	678,6	//	10,2
	Mamelon après bois de Cyathea......	684,4	694,6	//	10,2
25....	Mangagnimadou..................	683,2	677,2	6,0	//
	Mangagnimadou (mamelon à l'Est)...	700,2	694,2	6,0	//
	Bokorodou (p. Elæis)..............	688,2	682,2	6,0	//
26....	Bouro............................	748,6	739,1	9,5	//
27....	Oussoudou.......................	468,6	469,1	//	0,5
	Passage du Diani..................	462,6	463,1	//	0,5
9 mars.	Goueia-Kou (source du Sassandra)...	600,1	616,1	//	16,0
	Sahadougou (village environnant)....	642,1	658,1	//	16,0
14....	Route Beyla-Boola, à 15 kilomètres de Beyla (col).................	662,8	671,9	//	9,1
	Même point que ci-dessus (village voisin).......................	651,8	660,9	//	9,1
15....	Foremorikoumadou (petit village cultivé à 7 kilomètres de Boola).....	600,0	609,8	//	9,8
	Mamelon Yéréou (sommet), près le village précédent; ne pas confondre avec le pic plus haut de 20 à 30 mètres..	729,0	738,8	//	9,8
	Col entre le pic et le mamelon......	570,0	579,8	//	9,8
16....	Gouan ou Bafing, près de ses sources, entre Boola et le mont Stongou....	500,4	501,8	//	1,4

DATES.	POINTS.	ALTITUDES. OBSERVATIONS. par CONAKRY. Alt. : 16m,0. Cg : 1mm,86.	par SAINT-LOUIS. Alt. : 2m,5. Cg : 1mm,67.	DIFFÉRENCES EN PLUS. CONAKRY.	SAINT-LOUIS.
		mètres.	mètres.	mètres.	mètres.
1909.					
16 mars.	Yogadou (village cultivé au pied du mont Stongou)................	659,4	660,8	"	1,4
	Mont Stongou (montagne de Boola)..	907,4	908,8	"	1,4
	Yogadou (village)..................	658,4	659,8	"	1,4
	Rivière Gouan......................	515,4	516,8	"	1,4
	Boola(village).....................	527,4	528,8	"	1,4
18....	Foumbadougou (village)...........	427,5	436,9	"	9,4
20....	Dangouésou........................	405,7	418,3	"	12,6
21....	Gouékédou.........................	402,6	414,2	"	11,6
	Lola..................................	417,6	429,2	"	11,6
24....	Gouiakoulé.........................	457,6	463,5	"	5,9
	Petit mamelon sur route de Nzô.....	474,6	480,5	"	5,9
	Passage du Cavally, route Lola à Nzô.	402,6	408,5	"	5,9
	Kaoulendougou.....................	406,6	412,5	"	5,9
26....	Nzô..................................	369,5	363,3	6,2	"
	Petit village de culture entre Bouillé et la montagne.................	472,5	466,3	6,2	"
	Plateau savane au bas de la montagne (bas)..........................	633,5	627,3	6,2	"
	2e terrasse de la montagne.........	845,5	839,3	6,2	"
	3e terrasse de la montagne (ascens. Fleury).........................	986,5	980,3	6,2	"
	Plateau savane (haut)..............	650,5	644,3	6,2	"
28....	Limite extrême de la forêt vers Kaoulendougou...................	696,4	715,5	"	19,1
	Grande terrasse herbeuse en pente...	925,4	944,5	"	19,1
	1er mamelon du massif vers Kaoulendougou......................	1152,4	1171,5	"	19,1
	2e mamelon (sommet de la crête)....	1386,4	1405,5	"	19,1
	Étranglement visible de Nzô et des montagnes plus hautes situées à l'arrière-plan..................	1386,4	1405,5	"	19,1
	Point culminant situé à l'arrière, en plein Ouest magnétique de Nzô....	1410,4	1429,5	"	19,1

DATES.	POINTS.	ALTITUDES.			
		OBSERVATIONS.		DIFFÉRENCES EN PL	
		par CONAKRY. Alt. : $16^{m},0$. Cg : $1^{mm},86$.	par SAINT-LOUIS. Alt. : $2^{m},5$. Cg : $1^{mm},67$.	CONAKRY.	SAINT-LO
		mètres.	mètres.	mètres.	mètre
1909.					
28 mars.	Kaoulendougou	415,4	434,5	//	19,1
31	Route Bouillé à Sakonenta (1er plateau herbeux à mi-chemin)	489,4	496,6	//	7,2
	Sakonenta (village nguerzé)	482,4	489,6	//	7,2
1er avril.	Sampleu *ou* Sinta (village)	306,3	312,7	//	6,4
2	Rivière à 1 kilomètre de Fita	365,6	375,1	//	9,5
	Bas de la Grande Cascade (gneiss)	405,6	415,1	//	9,5
	Source de la Nuon (schistes)	989,6	999,1	//	9,5
	1er mamelon au-dessus de la Nuon	1005,6	1015,1	//	9,5
	2e mamelon (point culminant couvert de grande brousse de Zingibéracées)	1000,6	1010,1	//	9,5
4	Souboutotrou	309,3	321,6	//	12,3
	Ganboué	325,3	337,6	//	12,3
5	Bontrou (Bontoulo)	314,5	327,7	//	13,2
	Bampleu	318,0	331,2	//	13,2
6	Bourépleu	301,5	317,6	//	16,1
	Kouanhoulé (Bianhouné)	304,0	320,1	//	16,1
7	Goualé, Gouélé (près Danané)	326,5	334,8	//	8,3
12	Danané (fort Hittos, poste)	287,1	301,2	//	14,1
	Mont Goula, près Danané	407,6	421,7	//	14,1
14	Kouanouré (village)	276,6	290,7	//	14,1
	Mont Kouan (1er mamelon)	354,6	368,7	//	14,1
	Mont Kouan (2e mamelon)	401,6	415,7	//	14,1
26	Gontokouma	305,7	307,3	//	1,6
	Sommet du pic de Oua	469,7	471,3	//	1,6
29	Grotte dans le flanc Nord-Est du mont Momy	829,6	845,6	//	16,0
	Point extrême de l'ascension	907,6	923,6	//	16,0
1er mai.	Col de Klapousi	432,2	433,9	//	1,7
	Dansongougnié	432,2	433,9	//	1,7
	Mont Goué	487,2	488,9	//	1,7
	Station de Kolatiers et Rubus	589,2	590,9	//	1,7
2	Mont Gbon (sommet)	995,4	997,8	//	2,4

DATES.	POINTS.	ALTITUDES. OBSERVATIONS. par CONAKRY. Alt. : 16m,0. Cg : 1mm,86.	par SAINT-LOUIS. Alt. : 2m,5. Cg : 1mm,67.	DIFFÉRENCES EN PLUS. CONAKRY.	SAINT-LOUIS.
		mètres.	mètres.	mètres.	mètres.
1909.					
2 mai..	Col entre les monts Do et Gbon......	651,4	653,8	//	2,4
4.....	Ligne de partage entre les bassins du Cavally et du Sassandra..........	655,4	665,8	//	10,4
	Petit village cultivé près cette ligne de partage......................	618,4	628,8	//	10,4
	Col du mont Gouéia (ou Gouia).....	744,4	754,8	//	10,4
	Mont Veuton (au pied)............	614,4	624,8	//	10,4
	Col entre les deux monts de Drouplé.	687,4	697,8	//	10,4
5.....	Vallon à l'Est de Zoanlé...........	436,2	449,5	//	13,3
	Zoanlé (bloc de granit au milieu du village)......................	616,2	629,5	//	13,3
7.....	Vallée du Goué, au pied de Zoanlé...	335,4	338,9	//	3,5
8.....	Mont Ouo (à 5 kilomètres à l'Est de Bâlé)......................	696,2	691,0	5,2	//
	Lit du Dou, affluent du Zô.........	328,2	323,0	5,2	//
9.....	Digoualé..........................	339,5	339,9	//	0,4
	Lit du Zô.........................	284,5	284,9	//	0,4
	Col au-dessus du Zô...............	513,5	513,9	//	0,4
	Gouélé (village)..................	480,5	480,9	//	0,4
10....	Lit de rivière Gouan, allant au Kagoué.	301,6	301,0	0,6	//
12....	Ravin à la base de Niangouépleu.....	318,2	316,0	2,2	//
13....	Niangouépleu......................	579,4	582,1	//	2,7
18....	Mont Zan, près Zagoué (point culminant).......................	714,1	711,2	2,9	//
19....	Entre Zagoué et Socourala..........	581,3	576,4	4,9	//
20....	Entre Socourala et Sanrou (mamelon de granit).....................	604,4	606,2	//	1,8
22....	Ruisseau au pied du rocher de Ouodé.	596,8	609,8	//	13,0
	Rivière Zon, au pied de Gouréni.....	395,8	408,8	//	13,0
	Gouréni (grotte, entrée), ...	719,8	732,8	//	13,0
	Gouréni, village perché (sommet)....	750,8	763,8	//	13,0
	Pic accolé au village..............	781,4	794,8	//	13,0
	Plateau à la base du pic...........	629,8	642,8	//	13,0

DATES.	POINTS.	ALTITUDES. OBSERVATIONS. par CONAKRY. Alt. : 16m,0. Cg : 1mm,86.	par SAINT-LOUIS. Alt. : 2m,5. Cg : 1mm,67.	DIFFÉRENCES EN PL CONAKRY.	SAINT-LO
		mètres.	mètres.	mètres.	mètr
1909.					
23....	Ruisseau Bri entre Gouréni et Gouékouma	517,6	526,9	//	9,3
	Gouékouma (poste à l'entrée du village).	883,6	892,9	//	9,3
	Gouékouma (village perché), au sommet du village	517,6	526,9	//	9,3
24....	Gouékouma (mamelon près la place-carrefour)	857,3	856,8	0,5	//
28....	Plaine du Bafing entre Koualé et Kouroukoro (dépression)	228,5	228,2	0,3	//
29....	Confluent du Sassandra et du Bafing (haut de la berge)	223,2	216,2	7,0	//
1er juin.	Séfié (village)	235,4	231,3	4,1	//
2.....	Diala (Béléni)	280,4	266,5	13,9	//
	Sommet de la crête de schistes et quartzites entre Diala et Siakasso...	311,4	297,5	13,9	//
	Siakasso	270,4	256,5	13,9	//
	Boolo	277,4	263,5	13,9	//
4.....	Diani (rivière entre Séguéla et Mamouroula)	193,4	187,3	6,1	//
	Mamouroula (village)	230,4	224,3	6,1	//
	Swana (petit village)	221,4	215,3	6,1	//
	Soumana	253,4	247,3	6,1	//
	Mont Koiri (pic de granit près Soumana)	313,4	307,3	6,1	//
5.....	Nandala	286,2	271,7	14,5	//
6.....	Fleuve Maraoué, passage entre Nandala et Mankono (haut de la berge).	192,2	180,4	11,8	//
14....	Mankono (mamelon au-dessus du poste)	323,2	315,2	8,0	//
29....	Campement de la rivière Béré	226,8	232,7	//	5,9
30....	*Idem*	217,1	209,5	7,6	//
	Campement de la rivière Béré. Alt. mne.	**222,0**	**221,1**	**0,9**	//
2 juill..	Ruisseau à 6 kilomètres Ouest du Bandama (schistes)	169,9	155,5	14,4	//

DATES.	POINTS.	ALTITUDES. OBSERVATIONS. par CONAKRY. Alt. : 16m,0. Cg : 1mm,86.	par SAINT-LOUIS. Alt. : 2m,5. Cg : 1mm,67.	DIFFÉRENCES EN PLUS. CONAKRY.	SAINT-LOUIS.
		mètres.	mètres.	mètres.	mètres.
1909.					
4 juill..	Gottoro	215,6	197,4	18,2	//
5.....	*Idem*	215,4	196,1	19,3	//
	Gottoro........ Altitude moyenne.	**215,5**	**196,8**	**18,7**	//
6.....	Diahbo	283,6	252,0	31,6	//
8.....	Bouaké	289,4	273,1	16,3	//
9.....	*Idem*	291,2	270,1	21,1	//
	Bouaké........ Altitude moyenne.	**290,3**	**271,6**	**18,7**	//
26....	Ndokro	174,8	157,6	17,2	//
	Bords du Nzi, près Fétékro	154,8	137,6	17,2	//
	Mont Kongoroma (boka)	286,0	257,1	28,9	//
	Mont Kankani (boka)	147,8	130,6	17,2	//
	Mont Diagnio-gnio	243,8	226,6	17,2	//
29....	Mont Mgo, près Languira (1er mamelon).	305,0	282,8	22,2	//
	Mont Mgo (2e mamelon)	320,0	297,8	22,2	//
	Mont Mgo (3e mamelon)	340,0	317,8	22,2	//
30....	Bounda	214,6	189,8	24,8	//
	Mont de Lassan	351,6	326,8	24,8	//
31....	Passage de la rivière Soungounou	94,3	71,5	22,8	//
		par CONAKRY. Alt. : 16m,0. Cg : 1mm,86.	par Gd-BASSAM. Alt. : 6m (?). Cg : 1mm,94.	CONAKRY.	Gd-BASSAM.
		mètres.	mètres.	mètres.	mètres.
1910.					
13 juin.	Kouandé (poste)	394,2	376,3	17,9	//
	Kouandé (sommet du mont)	494,2	476,3	17,9	//
	Kouandé (poste)	386,2	368,3	17,9	//
14....	*Idem*	387,9	366,4	21,5	//
	Kouandé....... Altitude moyenne.	**415,6**	**396,8**	**18,8**	//
16....	Toukountouna (fond du vallon)	311,9	286,7	25,2	//
17....	Toukountouna (haut de la montagne).	476,1	459,4	16,7	//

DATES.	POINTS.	ALTITUDES. OBSERVATIONS. par CONAKRY. Alt. : 16m,0. Cg : 1mm,86.	par Gd-BASSAM. Alt. : 6m (?). Cg : 1mm,94.	DIFFÉRENCES EN PL CONAKRY.	Gd-BASS
		mètres.	mètres.	mètres.	mètre
1910.					
18 juin.	Tanguéita (haut de la falaise)	339,3	322,6	16,7	//
19....	Koudingou (pays Samba)	312,2	303,3	8,9	//
20....	Koubougou (pic)	428,9	418,0	10,9	//
	Sources de la Fedjari	412,9	402,0	10,9	//
21....	Natitingou (pied de la falaise)	383,9	371,9	12,0	//
9 juil...	Diapaga	274,7	256,3	18,4	//
13....	*Idem*	211,2	201,8	9,4	//
	Diapaga........ Altitude moyenne.	**242,9**	**229,0**	**13,9**	//
13....	Gargalenti	242,2	232,2	10,0	//
16....	Bepièma	233,6	215,5	18,1	//
26....	Fada	239,1	235,1	4,0	//
29....	Koupéla	289,7	274,0	15,7	//
30....	*Idem*	272,8	254,5	18,3	//
	Koupéla........ Altitude moyenne.	**281,3**	**264,2**	**17,1**	//
30....	Zapara	274,8	256,5	18,3	//
31....	Mont Zongapignié (sommet)	352,5	333,9	18,6	//
1er août.	Zorgo	278,4	257,1	21,3	//
3.....	Vallée de la Volta	209,6	196,9	12,7	//
4.....	Gampéla	257,3	235,8	21,5	//
5.....	*Idem*	251,1	225,0	26,1	//
	Gampéla....... Altitude moyenne.	**254,2**	**230,4**	**23,8**	//
21....	Bongouanon	308,8	306,6	2,2	//
26....	Ouahigouya	289,5	257,5	32,0	//
28....	Bango	295,6	272,5	23,1	//
29....	Thou	278,1	261,5	16,6	//
1er sept.	Koboro-Kendé	246,2	222,0	24,2	//
3.....	Kankoboli (haut de la falaise)	334,7	304,6	30,1	//
	Sommet de la chaîne entre les kilomètres 91-92	448,7	418,6	30,1	//
	Rivière à 1 heure 1/2 de Bandiagara.	382,7	352,6	30,1	//

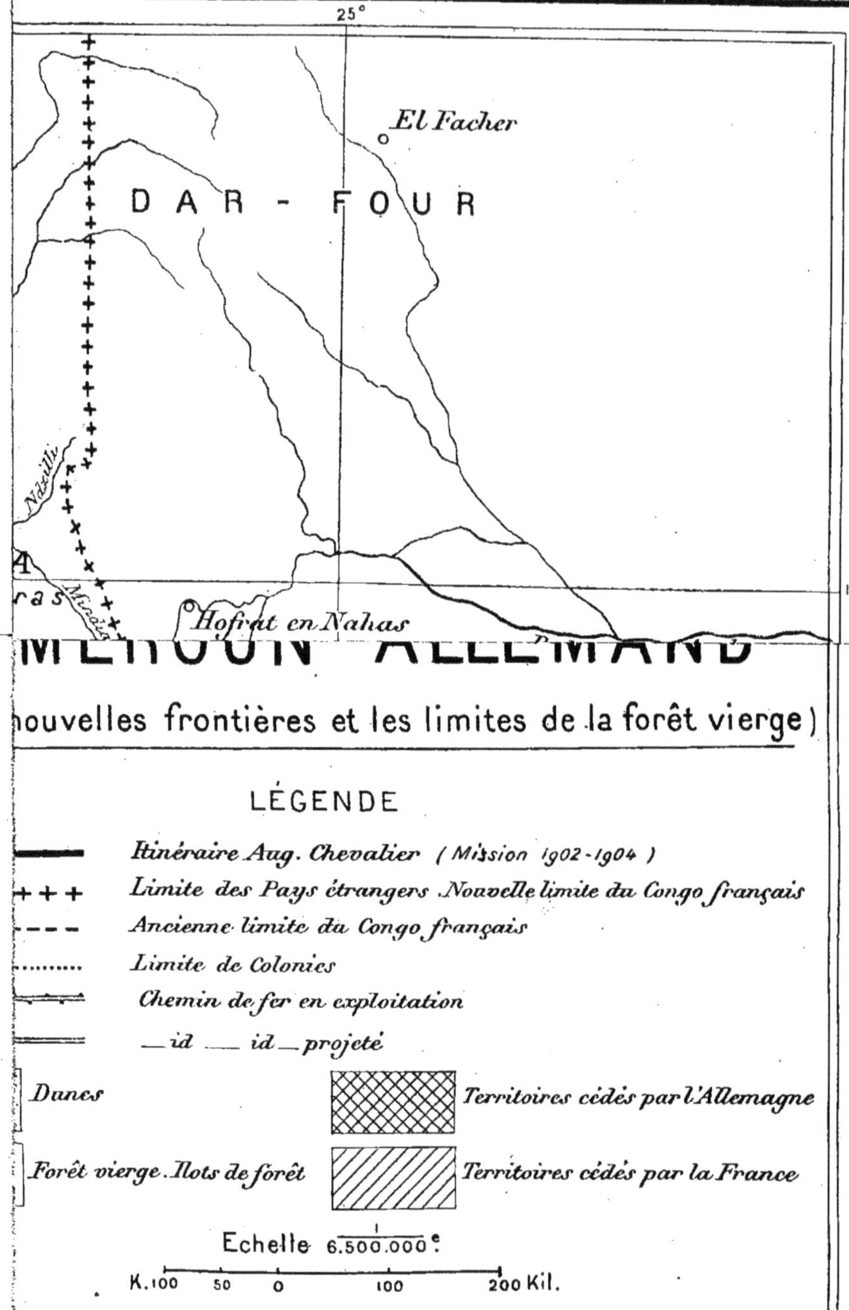
25°
El Facher
DAR - FOUR
Ndsilli
Hofrat en Nahas
10°
ouvelles frontières et les limites de la forêt vierge)
LÉGENDE
Itinéraire Aug. Chevalier (Mission 1902-1904)
Limite des Pays étrangers. Nouvelle limite du Congo français
Ancienne limite du Congo français
Limite de Colonies
Chemin de fer en exploitation
_id _ id _ projeté
Dunes
Forêt vierge. Ilots de forêt
Territoires cédés par l'Allemagne
Territoires cédés par la France
Echelle 1/6.500.000e
K.100 50 0 100 200 Kil.

CARTE ÉCONOMIQUE DU CONGO FRANÇAIS ET DU CAMEROUN ALLEMAND

(avec les nouvelles frontières et les limites de la forêt vierge)

LÉGENDE

Itinéraire Aug. Chevalier (Mission 1902-1904)
Limite des Pays étrangers. Nouvelle limite du Congo français
Ancienne limite du Congo français
Limite de Colonies
Chemin de fer en exploitation
... id ... id ... projeté
Dunes
Territoires cédés par l'Allemagne
Forêt vierge. Ilots de forêt
Territoires cédés par la France

Échelle 1/5.500.000

K. 100 50 0 100 200 Kil.

Dressée par E. Baronnet

BIBLIOTHÈQUE (COMPIÈGNE) DE LA VILLE

APPENDICE III.

LES LIMITES

DE

LA FORÊT VIERGE EN AFRIQUE OCCIDENTALE FRANÇAISE

ET EN AFRIQUE ÉQUATORIALE FRANÇAISE.

Les limites de la grande sylve africaine commencent à se préciser. Il y a peu d'années encore, les géographes n'avaient que des notions très vagues sur son étendue. Nous avons exploré en 1909 sa lisière nord dans la haute Côte d'Ivoire et nos recherches ont démontré qu'elle était presque partout en régression. Dans le Bas et le Moyen-Dahomey, nous avons constaté aussi l'existence de nombreux petits îlots forestiers qui montrent que la grande forêt vierge couvrait autrefois des étendues beaucoup plus vastes qu'aujourd'hui.

En réunissant nos observations à tous les documents publiés antérieurement, nous avons pu dresser une carte de l'Afrique occidentale française sur laquelle sont portés nos itinéraires de 1907, 1909 et 1910 et où les limites de la forêt vierge en Afrique occidentale sont tracées pour la première fois.

Il nous a semblé intéressant de reproduire en regard et à la même échelle les limites de la forêt vierge en Afrique équatoriale française et au Cameroun. Le tracé dans la colonie allemande a été établi d'après A. ENGLER, Vegetationskarte von Kamerun (*Planzenwelt Afrikas*, I, 1910). Pour le Congo belge, nous avons utilisé la carte dressée par F. THONNER (voir E. DE WILDEMAN, *Études sur la Flore des Bangalas et de l'Ubangui*, 1911). Enfin, pour l'Afrique équatoriale française, nous avons tenu compte des documents publiés par divers explorateurs français et aussi des renseignements inédits qui nous ont été communiqués par M. LUC, ancien inspecteur d'agriculture au Congo français. Un premier essai de représentation de la forêt vierge de l'Ouest africain avait été tenté par M. A BRESCHIN en 1902. En se reportant au travail de cet auteur (La forêt tropicale en Afrique. La forêt dans les colonies françaises, *La Géographie*, VI, 2e sem. 1902, p. 27 et suiv.), on pourra se rendre compte des progrès accomplis dans nos connaissances en géographie botanique africaine pendant une période de dix années.

Aug. CHEVALIER.

Paris, le 16 mars 1912.

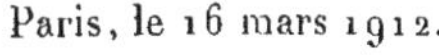

TABLE DES MATIÈRES.

CARTES.

BIBLIOTHÈQUE (COMPIÈGNE) DE LA VILLE

SE TROUVE À PARIS

À LA LIBRAIRIE ERNEST LEROUX

RUE BONAPARTE, 28

www.ingramcontent.com/pod-product-compliance
Ingram Content Group UK Ltd.
Pitfield, Milton Keynes, MK11 3LW, UK
UKHW020338230726
13925UKWH00003B/852